Pragati G. Darunkar
Rahul K. Kamble

Ondas de calor

Pragati G. Darunkar
Rahul K. Kamble

Ondas de calor

ScienciaScripts

Imprint

Any brand names and product names mentioned in this book are subject to trademark, brand or patent protection and are trademarks or registered trademarks of their respective holders. The use of brand names, product names, common names, trade names, product descriptions etc. even without a particular marking in this work is in no way to be construed to mean that such names may be regarded as unrestricted in respect of trademark and brand protection legislation and could thus be used by anyone.

Cover image: www.ingimage.com

This book is a translation from the original published under ISBN 978-620-6-77308-5.

Publisher:
Sciencia Scripts
is a trademark of
Dodo Books Indian Ocean Ltd. and OmniScriptum S.R.L publishing group

120 High Road, East Finchley, London, N2 9ED, United Kingdom
Str. Armeneasca 28/1, office 1, Chisinau MD-2012, Republic of Moldova, Europe
Printed at: see last page
ISBN: 978-620-8-01701-9

Dedicado a

pessoas que perderam a vida em vagas de calor

Conteúdo

Prefácio

As alterações climáticas globais e a rápida urbanização, industrialização e globalização têm vários impactos adversos no nosso planeta Terra. Entre estes impactos, um dos principais são as ondas de calor. O número de incidentes com ondas de calor está a aumentar a um ritmo alarmante em todo o mundo. À luz destas condições, este livro tenta explorar os incidentes de ondas de calor a nível da Índia, do Estado de Maharashtra e do bloco administrativo de Chandrapur. Além disso, a análise das ondas de calor foi efectuada para os 40 anos anteriores, no que diz respeito ao número de incidentes e de vítimas humanas e animais. Um estudo de campo também tentou esclarecer este aspeto relativamente às crianças, aos idosos e aos trabalhadores. A medida preventiva sugere a superação dos efeitos adversos das ondas de calor.

5 de junho de 2024

Dia Mundial do Ambiente

DGP

RKK

1 Introdução

As ondas de calor, fenómenos meteorológicos extremos, tornaram-se uma preocupação significativa para a gestão de catástrofes na Índia devido ao seu grave impacto na saúde e no ambiente, aumentando as taxas de morbilidade e mortalidade durante a época de verão. No cenário atual, uma resposta eficaz é crucial para salvar vidas e a saúde e desenvolver estratégias para a futura atenuação dos riscos e gestão das condições das ondas de calor. Os fenómenos meteorológicos extremos têm tido um impacto significativo na vida das pessoas a nível mundial, tornando a compreensão e as estratégias de resposta essenciais para que as comunidades se adaptem e sobrevivam face a estes desafios.

As alterações climáticas são um fator significativo que provoca um aumento das temperaturas médias e um risco acrescido de ondas de calor graves. O calor extremo pode ter consequências perigosas, ou mesmo mortais, para a saúde, incluindo o stress térmico e a insolação. O aumento da temperatura e a frequência crescente das vagas de calor constituem uma ameaça para a segurança humana e a sustentabilidade. As ondas de calor são fenómenos invulgares caracterizados por temperaturas elevadas à superfície do ar que duram vários dias e provocam graves problemas de saúde.

As ondas de calor em todo o mundo não são uniformes e não existe um índice universalmente reconhecido para identificar os extremos de calor (Perkins *et al.* 2012). As ondas de calor têm a taxa de mortalidade mais elevada de todos os riscos naturais a nível mundial (De *et al.* 2005). Em 2003, uma onda de calor severa ocorreu na Europa Ocidental, resultando em aproximadamente 70.000 mortes (Coumou e Rahmstorf 2012). As ondas de calor são amplamente consideradas como assassinos silenciosos devido ao seu impacto direto e grave na saúde humana (Patz *et al.* 2005; Hondula *et al.* 2014, Heo *et al.,* 2019, Ray *et al.* 2021). As ondas de calor afetam significativamente a saúde humana, causando cãibras de calor, exaustão, stress e insolação (Oldenborgh *et al.* 2018). As crianças, os idosos e as pessoas que já sofrem de problemas cardíacos, respiratórios, renais e psiquiátricos são significativamente afectados (Nitschke *et al.* 2007; Hansen *et al.* 2008; Wilker *et al.* 2012; Steffen et al. 2014). O stress térmico nos animais pode resultar em redução do apetite, diminuição da produtividade, efeitos no sistema imunitário e mesmo morte (Lefcourt e Adams 1996; Steffen *et al.* 2014).

As vagas de calor são consideradas fenómenos meteorológicos extremos associados às alterações climáticas pelo Painel Intergovernamental sobre as Alterações Climáticas. Os estudos sobre as alterações climáticas fornecem dados essenciais para a compreensão dos efeitos das vagas de calor, como o aumento da incidência do stress térmico na população em geral e na população ativa. A análise da ocorrência de ondas de calor a longo prazo, incluindo as variações associadas às alterações climáticas, é útil para compreender a variabilidade dos conhecimentos dos trabalhadores, a perceção dos sintomas e a avaliação do stress térmico (C. B. Barros *et al.*, 2012). Entre 2000 e 2015, o número de pessoas em risco de sofrer ondas de calor aumentou globalmente em cerca de 125 milhões. A nível mundial, a produtividade das pessoas que trabalham no exterior diminuiu 5,3 % no mesmo período (Watts, N. *et al.*, 2017).

1.1 Antecedentes

A frequência crescente de fenómenos meteorológicos extremos, como precipitações extremas, secas, ciclones tropicais e inundações, está associada às alterações climáticas antropogénicas e tem impactos significativos na saúde pública. Prevê-se que a variabilidade regional destas tendências se mantenha no futuro devido à intensificação do impacto das alterações climáticas (Min S-K, Zhang X, Zwiers FW, Hegerl GC, 2011). A exposição ao calor pode causar efeitos diretos, como a exaustão pelo calor e a insolação, e efeitos indirectos, como a insuficiência renal, doenças cerebrovasculares agudas e exacerbações de doenças pulmonares (Ellis FP, 1977). [st]A avaliação nacional do governo indiano sobre as alterações climáticas indica um aumento projetado das temperaturas, incluindo o aumento dos fenómenos de calor extremo, para o século XXI.

As ondas de calor históricas têm sido associadas a mortes significativas, particularmente em França, Europa, Chicago e Califórnia, causando mortes por todas as causas e por causas específicas. O interesse global em ondas de calor e eventos extremos aumentou devido a eventos de calor de alto nível nos EUA e na Europa, destacando lacunas nas metodologias para comparar os efeitos na saúde das ondas de calor entre regiões, como destacado numa análise da onda de calor de Chicago em 1995 (Whitman, S.; Good, G.; Donoghue, E.R.; Benbow, N.; Shou, W.; Mou, S., 1995). Por exemplo, a vaga de calor em França aumentou significativamente a mortalidade em 137% em Paris, com mais de 14 800 mortes em seis cidades durante um período de 19 dias por dia (Filleul, L.; Vandentorren, S.,2003). Os fenómenos de calor extremo em todo o mundo, como a vaga de calor de Chicago em 1995 (Whitman *et al.*, 1997), a vaga de calor à escala europeia em 2003 (Kosatsky, 2005) e a vaga de calor no sudeste da Austrália em 2009 (Nitschke *et al.*, 2011), demonstraram estes efeitos.

Os idosos são mais susceptíveis de sofrer doenças e morrer devido a fenómenos de calor extremo na Europa, Austrália e China. No entanto, poucos estudos mostram uma relação direta entre a idade e as mortes ou doenças relacionadas com o calor, sugerindo que os factores sociais podem desempenhar um papel local na influência destas condições. Este facto realça a necessidade de mais investigação sobre o impacto do calor nas populações mais idosas (Bustinza *et al.*, 2013; Dalip *et al.*, 2015). A mortalidade reflectida pelo calor está ligada a várias condições de saúde crónicas, incluindo doenças cardiovasculares, cerebrovasculares, respiratórias, endócrinas, geniturinárias, do sistema nervoso e de saúde mental (Fouillet *et al.*, 2006; Haines *et al.*, 2006).

O stress térmico é uma resposta fisiológica dos animais a um ambiente térmico em que produzem mais calor do que conseguem dissipar (Yang PG, 2014). O stress térmico em vacas leiteiras, potencialmente reduzindo o desempenho da produção, particularmente a produção de leite (Wen YL,2011, Novak P *et al.,*2009). As condições de temperatura elevada podem aumentar significativamente a temperatura corporal e a frequência respiratória (Brown-Brandl TM, *et al.,*2005), diminuir a ingestão de alimentos (West JW, Mullinix BG, Bernard JK.), a produção de leite (Ravagnolo O, Misztal I, Hoogenboom G., Lambertz C, Sanker C, Gauly M.) e o desempenho reprodutivo (Lozano Domínguez RR, *et al.,*2005).

1.2 Descrição do problema

Uma onda de calor é um período contínuo de calor excessivo, especialmente durante o verão. As ondas de calor são um fenómeno físico causador de catástrofes, caracterizado por riscos hidroclimáticos, sociais, profissionais e de saúde pública. As ondas de calor ocorrem normalmente entre março e junho e, em alguns casos, podem prolongar-se até julho. Consequentemente, não existe uma definição universalmente reconhecida de onda de calor. Normalmente, é definida como um período prolongado de calor extremo.

A Índia está a sofrer um aumento das ondas de calor devido às alterações climáticas, que estão a tornar-se mais intensas e devastadoras para a saúde humana, levando a um aumento do número de vítimas das ondas de calor. Em 2015, a Índia registou uma onda de calor que causou mais de 2 300 mortes, classificando-se como a 5th pior a nível mundial. A maioria destas mortes ocorreu em Andhra Pradesh, Telangana, Punjab, Odisha e Bihar. Em 2016, a temperatura global continuou a aumentar, sendo abril de 2016 o mês com a temperatura média global mais elevada registada. Estas fortes ondas de calor também contribuíram para muitas mortes relacionadas com o calor. Em 2016, a Índia registou temperaturas elevadas devido à ausência de trovoadas e de chuva, com algumas zonas a atingirem os 45°C e a registarem temperaturas consistentemente acima do normal, como Bengala Ocidental, Odisha, Bihar, Jharkhand, Uttar Pradesh, Maharashtra, Telangana e Andhra Pradesh. As temperaturas máximas foram superiores ao normal em 2-4°C entre meados de março e meados de abril de 2016, com maior impacto no centro-norte e no leste da Índia.

Um estudo de 2000-2010 concluiu que a segunda maior taxa de risco de mortalidade por stress térmico nos EUA é registada pelos trabalhadores da construção civil (Gubernot et al., 2015). Devido a perdas no produto interno bruto, as alterações climáticas podem também ser responsáveis por mais 40 000 a 60 000 mortes de crianças por ano no Sul da Ásia e na África Subsariana. Em 2100, num cenário com alterações climáticas significativas, este número aumentaria para 60 000-250 000 mortes por ano (Stern et al., 2007). A baixa posição socioeconómica e a insuficiente capacidade de adaptação dos idosos tornam-nos particularmente vulneráveis às ondas de calor. Os idosos também sofrem frequentemente de doenças crónicas, como diabetes, problemas respiratórios, cardiovasculares e renais (Song X et al., Giorgini P et al., Borg M et al., 2017, Kim YM et al., 2012).

Ambiente: O aumento da ocorrência de ondas de calor tem sido associado a um aumento dos incêndios florestais e urbanos, bem como à poluição atmosférica, que resulta do facto de os poluentes produzidos pelos incêndios atingirem níveis mais elevados (Mavalankar). As elevadas ondas de calor combinadas com baixa humidade, pouca precipitação e condições semelhantes às da seca criam um ambiente ideal para provocar incêndios florestais (Dodla & Satyanarayana, 2021).

Recursos hídricos: Uma vaga de calor causa problemas de água em muitos locais, nomeadamente o consumo excessivo de água durante as vagas de calor e a escassez de água. As suas respostas comportamentais, imunológicas e metabólicas são todas alteradas pelo stress térmico (Bal, Prasad, & Singh, 2022).

Pecuária: O stress térmico reduz a capacidade de um animal se reproduzir, produzir leite e manter o peso corporal (Bal, Prasad e Singh, 2022).

Consumo de energia: O sector da energia é um dos sectores mais vulneráveis devido ao aumento previsto da temperatura do ar à superfície. A escassez de energia é causada pelos aparelhos de ar condicionado, que têm uma procura excessiva de eletricidade durante as vagas de calor (Prasid, Singh e Bal, 2022).

Saúde: As ondas de calor podem afetar diretamente a saúde das pessoas, provocando síncope pelo calor, cãibras pelo calor, hipertermia (insolação), cansaço, problemas respiratórios e cardiovasculares e até a morte. Além disso, podem agravar problemas de saúde já existentes, como problemas renais, cardíacos e de desidratação. As temperaturas mais elevadas têm sido associadas a um maior número de actividades criminosas, bem como a problemas psicológicos e sociais (Hisang, et al., 2015).

Meios de subsistência: As ondas de calor induzem stress psicológico, que por sua vez tem impacto na atividade física e nos níveis de desempenho (Dodla & Satyanarayana, 2021). A capacidade das pessoas para ganhar dinheiro é afetada tanto pela redução do horário de trabalho como por problemas de saúde.

O estudo tem por objetivo analisar a ocorrência e o número de vítimas mortais de vagas de calor na Índia entre 1978 e 2023. As conclusões do estudo serão úteis para o desenvolvimento de estratégias operacionais e práticas de gestão dos riscos das vagas de calor.

1.3 Objetivo do estudo

De acordo com o Painel Intergovernamental sobre as Alterações Climáticas, a temperatura da superfície da Terra aumentará entre 2° e 7°F durante o próximo século e, até 2100, os fenómenos extremos de calor deverão tornar-se mais comuns. As vagas de calor de 2003 e 2010 são destacadas pela Organização Mundial de Saúde (OMS) e por relatórios nacionais. Estas ondas de calor causaram 55 000 mortes na Rússia e 70 000 mortes em excesso em França e Itália. O clima extremo é causado por ondas de calor, que ocorrem quando os sistemas de alta pressão se tornam imutáveis e os ventos empurram constantemente o ar quente e húmido para nordeste.

De acordo com as Perspectivas Sazonais anuais do Departamento de Metrologia da Índia (IMD) de 2002, prevê-se a ocorrência de ondas de calor graves nas regiões ocidental, central e noroeste da Índia. Prevê-se que estas ondas de calor ocorram quando uma região de baixa altitude regista uma temperatura máxima superior a 40°C. Os alarmes de ondas de calor foram acionados por temperaturas superiores a 40°C na maior parte das regiões do oeste e do centro da Índia até março (NRDC, 2022). A Índia está cada vez mais preocupada com o stress térmico devido ao risco crescente de doença e mortalidade que este provoca. Não é possível relacionar inteiramente o aumento da frequência e da intensidade das vagas de calor com as alterações climáticas de origem humana ou com as alterações climáticas naturais. O objetivo deste estudo foi avaliar a onda de calor que ocorreu no distrito de Chandrapur, em Maharashtra, e identificar o seu efeito na saúde humana.

De acordo com uma investigação da Organização Meteorológica Mundial publicada em 2022, os cientistas climáticos descobriram que as ocorrências de calor elevado e a sua extensão aumentaram 30 vezes na Índia devido às alterações climáticas. A Índia regista 2081 mortes relacionadas com ondas de calor por cada 1000 pessoas, o que a coloca em quinto lugar no mundo.

As principais causas do calor extremo na Índia incluem o rápido aumento das temperaturas no país, as anomalias do El Nino no Oceano Pacífico central, a perda de cobertura arbórea e os níveis rapidamente decrescentes de humidade do solo e de sombra vegetal (Eckstein, 2020).

1.4 Departamento Meteorológico Indiano (IMD)

O Departamento Meteorológico da Índia (IMD) utiliza critérios para as vagas de calor utilizando dados de temperatura das estações. As definições de calor baseadas na média da área ou em dados de temperatura em grelha são, no entanto, diferentes mas muito semelhantes. O Departamento de Metrologia da Índia (IMD) tem por missão registar todos os dados metrológicos de superfície, incluindo a temperatura de superfície, nos níveis Laper prescritos. Desde 1875, os dados relativos à temperatura à superfície têm sido recolhidos em observatórios. Para os anos de 1969 a 2005, o IMD produziu dados diários de temperatura em grelha, que são actualizados regularmente e incluem as temperaturas máxima, mínima e média a uma longitude por uma latitude em todo o subcontinente indiano. Muitos cientistas e académicos utilizam os dados diários de temperatura em grelha para quantificar a variabilidade da temperatura e as ondas de calor, bem como para validar a simulação e as previsões de modelos numéricos no subcontinente indiano.

O Departamento Meteorológico da Índia (IMD) considera apenas as temperaturas máximas para definir as vagas de calor. O IMD define a onda de calor como "se a temperatura máxima de uma estação atingir pelo menos 40°C ou mais nas planícies, 37°C ou mais nas estações costeiras e pelo menos 30°C ou mais nas regiões montanhosas". Os critérios pormenorizados do IMD para as ondas de calor são apresentados a seguir:

Quadro 1.1 Critérios utilizados para declarar uma onda de calor pelo Departamento Meteorológico da Índia (IMD)

Nomenclatura	Desvio da temperatura normal
Critérios para onda de calor/onda de calor severa	
a) Quando a temperatura máxima normal da estação é igual ou inferior a 40°C	
Normal	-1°C a 1°C
Acima do normal	2°C
Apreciavelmente acima do normal	3°C a 4°C
Muito acima do normal/Moderado Onda de calor	5°C a 6°C
Onda de calor severa	7°C ou superior
b) Quando a temperatura máxima normal da estação é superior a 40°C (O	

termo	
onda de calor moderada não será utilizada)	
Normal	-1°C a 1°C
Acima do normal	2°C
Onda de calor	3°C a 4°C
Onda de calor severa	Mais de 5°C
c) Quando a temperatura máxima normal da estação for igual ou superior a 45°C durante dois dias ou mais	
A situação pode ser declarada como onda de calor	

O Departamento Meteorológico da Índia (IMD) ajuda os Estados a tomarem as precauções necessárias, dando especial atenção ao alerta precoce e às previsões/alertas baseados no impacto de ondas de calor numa área específica. O Centro Nacional de Controlo de Doenças (NCDC) do Ministério da Saúde e do Bem-Estar Familiar supervisiona e recolhe semanalmente dados sobre as doenças afectadas por surtos, desenvolve as competências do pessoal médico e reconhece as doenças e as vítimas.

O Departamento Meteorológico Indiano (IMD) forneceu os dados relativos às vagas de calor para os anos 1978-2023. As estatísticas incluem: (i) o dia, o mês e o ano do evento; (ii) a localização (estado e distrito); e (iii) os dados demográficos das pessoas afectadas; (iv) um registo das pessoas mortas ou feridas; e (v) um registo dos animais mortos ou feridos. Os investigadores utilizaram muito estes números para analisar várias catástrofes e examinar a forma como estas afectaram a Índia.

1.5 Aviso emitido pelo IMD

O Departamento Meteorológico da Índia emite, em conjunto com a Autoridade Nacional de Gestão de Catástrofes, o seguinte aviso de calor baseado no impacto do código de cores

Tabela 1.2 Aviso de onda de calor em código de cores pelo IMD.

Cor Código	Alerta	Aviso	Impacto	Acções sugeridas
Verde (Nenhum a ação)	Dia norma l	As temperaturas máximas são quase normal	Temperatura confortável. Nenhuma medida de precaução necessário.	Nulo
Alerta Amarel o (Ser atualiza do)	Alerta de calor	As condições de onda de calor em bolsas isoladas persistem durante 2 dias	Temperatura moderada. O calor é tolerável para o público em geral, mas constitui uma preocupação moderada para a saúde das pessoas vulneráveis, por exemplo, bebés, idosos, pessoas com doenças crónicas	(a) Evitar a exposição ao calor. (b) Usar roupas leves, de cores claras, largas e de algodão. (c) Cobrir a cabeça: Utilizar um pano, um chapéu ou guarda-chuva
Laranja Alerta (Ser preparad o)	Grave Calor Alerta para o dia	(i) Calor intenso condições das ondas persiste durante 2 dias (ii) Através de	Alta temperatura. Maior probabilidade de sintomas da doença do calor em pessoas que são expostos ao sol	(a) Evitar o calor exposição - manter a calma. Evitar a desidratação. (b) Beber o suficiente

| | | não grave, mas o calor a onda persiste durante 4 dias ou mais. | durante um período prolongado ou ação trabalho pesado. Saúde elevada preocupação com as pessoas vulneráveis pessoas, por exemplo, bebés, idosos, pessoas com doenças crónicas. | água - mesmo que não com sede. (c) Utilizar ORS, bebidas caseiras como lassi, torani (água de arroz), água com limão, leitelho, etc. para se manter hidratado. |
| Alerta Vermelho (Pegar Ação) | Extremo Calor Alerta para o dia | (i) Calor intenso onda persiste durante mais de 2 dias. (ii) Número total de calor/calor severo dias de onda superior a 6 dias. | Probabilidade muito elevada de desenvolver doenças provocadas pelo calor e insolação em todos os idades. | Cuidados extremos necessários para pessoas vulneráveis. |

1.6 Objectivos

1. Estudar as tendências dos incidentes e das causas das vagas de calor a nível nacional e internacional.

2. Investigar especificamente as tendências dos incidentes e vítimas de ondas de calor no distrito de Chandrapur.

3. Estudar as tendências dos incidentes das ondas de calor que afectam as crianças, os idosos, os trabalhadores e os animais.

1.7 Racional

Devido a factores como o seu passado colonial e as desigualdades sociais e económicas, a Índia é particularmente vulnerável. Mais de 270 milhões de indianos vivem na pobreza, de acordo com os números oficiais. Quando há um evento climático extremo, os pobres são geralmente os que mais sofrem. Uma vez que muitos indivíduos empobrecidos e socialmente marginalizados trabalham em mão de obra não organizada na agricultura e na construção, a sua exposição ao calor durante os meses de verão é maior (Eckstein, 2020). Os grupos específicos que necessitam de proteção contra o calor intenso incluem aqueles que trabalham por salários diários, como vendedores ambulantes, trabalhadores da construção civil, puxadores de riquexó, etc. O aumento da exposição ao calor é causado por deficiências nas infra-estruturas das cidades indianas, uma vez que as pessoas migram das aldeias circundantes. Como os telhados dos bairros de lata são compostos por folhas de plástico ou de estanho, que absorvem o calor e fazem com que as casas pareçam fornos, os interiores dos bairros de lata são tipicamente quentes (NIUA, 2016). As pessoas que vivem em áreas residenciais superlotadas e com ventilação inadequada, complexos habitacionais ilegais, assentamentos de posseiros e favelas também são vulneráveis. Um dos grupos demográficos mais vulneráveis aos riscos do calor é o dos idosos. Os efeitos das vagas de calor podem também afetar bebés, crianças até aos 4 anos de idade, pessoas com doenças crónicas e pessoas com deficiência. O risco de uma pessoa aumenta ainda mais com o excesso de esforço, a obesidade, a falta de tolerância ao calor, as doenças pré-existentes, como a diabetes e as doenças cardíacas, e o consumo de drogas ou álcool. Em resposta à frequência crescente das ondas de calor, o governo indiano implementou uma série de iniciativas, incluindo planos de aquecimento, campanhas de sensibilização do público, formação do pessoal médico, alterações nos horários de trabalho e escolares, fornecimento de alimentos e bebidas aos sem-abrigo e criação de abrigos. Devido a inúmeras falhas de implementação e a vulnerabilidades sociais baseadas em factores como o género, a casta, a etnia, a idade, a deficiência, etc., muitas pessoas continuam a não poder beneficiar destas medidas.

1.8 Definições conceptuais

Para efeitos do presente estudo, a definição concetual de vários termos no título do estudo, de acordo com o Oxford Dictionary and Thesaurus (Julia Elliott 2007) e o Oxford English-English-Marathi Dictionary (Ramesh dhongde 2011), é a seguinte

- período de tempo muito quente.
- um período de tempo invulgarmente quente.

1.9 Definições operacionais

Para efeitos do presente estudo, foram consideradas as seguintes definições operacionais:

- Uma onda de calor é um período de temperaturas anormalmente elevadas, superiores à temperatura máxima, que ocorre durante a época de verão.
- Em geral, a temperatura é mais elevada do que a média das temperaturas máximas da região.
- É um período prolongado de calor excessivo, muitas vezes acompanhado de humidade excessiva.
- A onda de calor ocorre durante a estação alta do verão, quando um sistema de alta pressão atmosférica se desloca para uma área e dura dois ou mais dias.

1.10 Âmbito do estudo

Este estudo tem como objetivo ilustrar os efeitos distintos do calor intenso nas populações susceptíveis das zonas tribais, rurais e urbanas da Índia. Identifica também soluções tradicionais e modernas disponíveis localmente e a preços acessíveis, bem como iniciativas legislativas e os obstáculos que impedem a sua implementação. Além disso, são dadas dicas e sugestões que podem ser úteis para remover os obstáculos ao acesso aos cuidados de saúde e desenvolver estratégias de cooperação para lidar com o calor intenso.

1.11 Resumo da tese

A tese está dividida em cinco capítulos.

O presente Capítulo 1 apresenta os antecedentes do tema da investigação, a declaração do problema, o objetivo da investigação, as questões de investigação, a justificação, as definições conceptuais e operacionais do âmbito do estudo. Este capítulo é seguido de um capítulo de revisão da literatura.

O capítulo apresenta uma visão global da literatura e da investigação relacionadas com o tema de investigação. Isto inclui artigos de investigação publicados e em linha, relatórios, livros, etc. Contém uma análise dos resultados obtidos por vários autores sobre as ondas de calor a nível internacional e nacional.

O Capítulo 3 descreve os materiais e métodos utilizados para efetuar este estudo.

Descreve a área de estudo, o clima, a fonte de dados

Os resultados da investigação e as discussões são apresentados no Capítulo 4. Apresenta também os resultados de uma onda de calor e este capítulo discute igualmente os efeitos na saúde humana. Os resultados obtidos neste estudo foram discutidos com os resultados obtidos por outros autores.

O capítulo 5 apresenta um resumo e as conclusões do estudo.

1.12 Resumo

Este capítulo forneceu informações de base relativas ao tema do estudo, que destacou o impacto das ondas de calor na saúde humana. As ondas de calor, fenómenos meteorológicos extremos, representam uma ameaça significativa para a gestão de catástrofes na Índia devido aos seus graves impactos na saúde e no ambiente. As alterações climáticas aumentam as temperaturas médias, aumentando o risco de ondas de calor, que conduzem ao stress térmico e à insolação. Em 2015, a Índia registou mais de 2 300 mortes devido a ondas de calor, ocupando o 5.º lugar a nível mundial. Este estudo examina os efeitos relacionados com o calor nas populações tribais, rurais e urbanas da Índia, identificando soluções acessíveis e iniciativas legislativas.

1.13 Referências

Alina H. e Rainer S. (2018). Percepções dos médicos de clínica geral sobre os impactos do calor na saúde dos idosos face às alterações climáticas - um estudo qualitativo em Baden-Württemberg, Alemanha.

Amruta N. S., Tarik B., Ajit R., Gulrez S. A., Prakash G., Mangesh S. P. e Michelle L. B. (2019). Avançando nossa compreensão dos critérios de ondas de calor e impactos associados à saúde para melhorar os alertas de ondas de calor nas configurações dos países em desenvolvimento.

Baoyan Z., Bo S., Hua L. e Huijun (2020). Variações interdecadais de Wang em eventos extremos de alta temperatura no sul da China no início dos anos 2000 e a influência da Oscilação Decadal do Pacífico.

G. C. S. e D. V. Bhaskar R. (2020). Fenologia das ondas de calor na Índia.

Guleria, S. e Gupta, A.K. (2018). Onda de calor na Índia Documentação do Estado de Telangana e Odisha (2016).

Gulrez S. A., Dileep M., Amruta N. S., Ajit R., Priya D., Anjali J., Perry S., Kim K., Jeremy J. H (2014). Mortalidade relacionada ao calor na Índia: Excesso de mortalidade por todas as causas associado à onda de calor de 2010 em Ahmedabad.

Jean B. Worfolk, (2000). Ondas de calor: O seu impacto na saúde dos idosos.

Jennifer F. B., Roger D. Peng, Michelle L. B. e Francesca D. (2014). Mortalidade relacionada ao calor e adaptação ao calor nos Estados Unidos.

Jiangjing L., Lanqi L., Xiaoli C., Yongqiang L. e Dong W. (2019). Efeitos do stress térmico na temperatura corporal, produção de leite e reprodução em vacas leiteiras: uma nova ideia para monitorizar e avaliar o stress térmico - Uma revisão.

M. Rajeevan, Rohini. P, Smitha A. N., Snehalata T., Tanmoy G., Naresh K. (2023). Ondas de calor e frio na Índia: processos e previsibilidade.

Michael G., Dean S. (2018). Calor, humidade e mortalidade infantil no mundo em desenvolvimento.

Omid M., Amir A., Steven J. D., Shahrbanou M., Ali M., Elisa R., Mojtaba S., Ashmita S., Subimal G., C. T. D., Mohsen N. (2017). Aumento da probabilidade de mortalidade durante as ondas de calor indianas.

Preeti M., Pankaj B., e Omvir S. (2021). Mortes por ondas de calor na Índia: 1978-2014.

Premsagar T., Marcella D., Ramkumar B. e Cor J. (2018). Vulnerabilidade ao stress térmico: Um estudo de caso de Yavatmal, Maharashtra, Índia.

Priya D., Lm S., Dileep M., Partha S. G., Sujata S. (2020). O calor extremo mata mesmo em cidades muito quentes: Evidências de Nagpur, Índia.

Prof. Parmeshwar U., Prof. Ravi S. (2023). Relatório de síntese do Workshop Nacional sobre Ondas de Calor 2023.

R. Di C., Mazzarella R. V. (2016). Uma análise do índice de calor sobre Nápoles (Sul de Itália) no contexto da onda de calor europeia de 2003.

Rakesh B., Riddhi M. (2019). Calor, mortalidade infantil e adaptação: Evidence from India.

Ritu P., Shrinivas D., Vinay K. (2022). Uma revisão da investigação sobre calor e saúde na Índia: Lacunas de conhecimento na construção de respostas de adaptação às alterações climáticas.

Rutuja P. S., Parmeshwar D. Udmale e Madhav D. G. Assessment of Heat Wave Risk in Maharashtra State: A Sub-district Level 2 Analysis.

Sharon C., Tomas A. R., Christopher J. W., Fay H. J., (2018). Pesquisa de ondas de calor e impacto na saúde: Uma revisão global.

Shyamli S., Akanksha S. (2021). Onda de calor: Análise de tendências de Delhi.

Soyeon K., Sang-Yub K., Jongmin O., Yeora C., Jongchul P., Daesoo K., Young-Min K., (2020). Efeitos da onda de calor de 2018 na saúde dos idosos: implicações para as estratégias de adaptação às alterações climáticas.

Suresh K. R., Prahlad R. S. (2021). Temperatura de verão e mortalidade por todas as causas de 2006 a 2015 para Hyderabad, Índia.

Vidya S I., K M. (2022). District-Level Changes in Climate: Historical Climate and Climate Change Projections for the Western States of India.

Vimal M., Sourav M., Rohini K. e Daith A. S. (2017). Exposição a ondas de calor na Índia nos mundos atual, 1,5 ºC e 2,0 ºC.

Werner M., Robin H., Lutz B. Ondas de calor - Um tema quente na investigação sobre alterações climáticas

Zhiwei X., Perry E. S., Wenbiao H., Hong S., Weiwei Y., Xin Q. e Shilu T. (2012). Alterações climáticas e saúde infantil - um apelo à investigação sobre o que funciona para proteger as crianças.

Zhiwei X., Ruth A. E., Hong S., Cunrui H., Yuming G., Shilu T. (2012). Impacto da temperatura ambiente na saúde das crianças: Uma revisão sistemática.

2. Revisão da literatura

2.1 Introdução

Este capítulo examina a literatura e os estudos relevantes relacionados com o tema do estudo, utilizando trabalhos publicados e em linha, livros, relatórios e várias revistas. Fornece uma compreensão abrangente do tópico através de uma revisão da literatura, referenciando bases de dados do Indian Metrological Department (IMD), Pune, bem como sítios Web de revistas como PubMed, ScienceDirect, Web of science, N-List, Google scholar, Semantic Scholar. Relativamente ao tema do estudo, foram apresentados resultados nacionais e internacionais na revisão da literatura. Cada secção resume as principais conclusões de várias investigações realizadas. O objetivo deste capítulo era apontar áreas do estudo que necessitavam de mais investigação e de novos conhecimentos neste domínio.

2.2 Lógica da revisão da literatura

É fornecida informação de base sobre estudos realizados por vários autores em todo o mundo relativamente à questão do estudo através de uma revisão da literatura e investigação relacionadas. Esta revisão também esclarece a tendência da investigação efectuada por diferentes autores, bem como o crescimento e desenvolvimento contínuos do tópico. O conhecimento detalhado sobre o tema é fornecido pela revisão efectuada através de material publicado e online. Para uma compreensão aprofundada do tema, é necessário preencher as lacunas encontradas no trabalho, que são identificadas pela análise do trabalho. Além disso, oferece oportunidades para incluir novas ideias nos tópicos actuais.

2.3 Objectivos da revisão da literatura e dos estudos relacionados

Os objectivos da revisão da literatura e das investigações relacionadas envolvem os seguintes aspectos

1. Estudar as tendências dos incidentes e das causas das vagas de calor a nível nacional e internacional.

2. Investigar especificamente as tendências dos incidentes e vítimas de ondas de calor no distrito de Chandrapur.

3. Estudar as tendências dos incidentes das ondas de calor que afectam as crianças, os idosos, os trabalhadores e os animais.

2.4 Revisão da literatura

2.4.1 Resultados internacionais

As três principais doenças pediátricas que são afectadas pelas ondas de calor são o desequilíbrio eletrolítico, a febre e a disfunção renal, de acordo com Semenza *et al.*, (1999), a desidratação relacionada com o calor parece encorajar a insuficiência renal aguda.

A baixa temperatura prejudica as doenças inflamatórias e irritativas da pele (Sauer e Hall, 1996; Uter *et al.*, 1998), aumentando a comichão sobre o impacto no eczema (Kramer *et al.*, 2005).

A hipertermia é um desequilíbrio entre a produção e a dissipação de calor, causando um aumento da temperatura corporal. É diferente da febre, uma vez que afecta os mecanismos periféricos. A exaustão pelo calor deve ser suspeitada em indivíduos idosos que apresentem tonturas, desmaios ou colapso em condições climatéricas adversas. Os sintomas podem incluir fadiga, fraqueza, dores de cabeça, tonturas e desmaios. Os enfermeiros e os prestadores de cuidados são cruciais para proteger os idosos das doenças provocadas pelo calor, assegurando uma boa hidratação, ambientes frescos e actos voluntários para reduzir o calor do corpo (Jean workfolk, 2000).

Os estudos já realizados sobre os efeitos do ambiente circundante na saúde das crianças revelaram que os bebés e as crianças pequenas, especialmente as que têm menos de um ano de idade, são especialmente vulneráveis à mortalidade relacionada com o calor. O fluxo sanguíneo desloca-se dos órgãos importantes para debaixo da superfície da pele à medida que a temperatura do corpo aumenta, de modo a ajudar no arrefecimento (Astrand *et al.*, 2003).

Na cidade subtropical, Gouveia registou um aumento de 2,6% na mortalidade infantil por cada aumento de 1°C na temperatura acima dos 20°C. Este resultado está relacionado com o limiar de mortalidade por calor entre as crianças (Gouveia *et al.*, 2003).

De acordo com R. Di Cristo *et al.* (2003), no verão de 2003, o stress térmico em Nápoles aumentou em junho, tornando-se mais intenso durante a segunda metade de julho. Esta foi a taxa de mortalidade mais elevada da última década, possivelmente devido ao desconforto térmico e ao aumento do stress físico e da desidratação. A análise da variação secular do índice de calor sobre Nápoles entre 1872-2004 sugere que a ocorrência de ondas de calor, como as dos Verões de 2003 e 1950, depende do tipo de circulação estival dominante na zona mediterrânica. O desconforto térmico registado no verão de 2003 foi mais suave do que em 1950.

De acordo com Leonardi *et al.* (2006), observaram um aumento significativo de chamadas por febre em crianças entre os 0 e os 4 anos de idade no Sudeste e na Grande Londres.

Os três grandes desafios do século XXI para muitas megacidades do mundo são a manutenção de um crescimento económico sustentável, a promoção de um desenvolvimento com baixas emissões de carbono e a gestão das alterações climáticas. Embora o fracasso de qualquer um deles conduza a fracassos nos outros dois, uma resposta bem construída a um deles pode proporcionar grandes vantagens e oportunidades para os outros. Esta investigação visa facilitar um regime de racionamento de eletricidade a curto prazo bem construído para gerir a escassez de eletricidade causada por ondas de calor. O regime deve eliminar os incidentes de choque de apagões e cortes de energia, minimizar o custo económico global do racionamento de eletricidade e maximizar o ganho ambiental do racionamento (Zhan Tian, 2007).

De acordo com Chou *et al.*, 50% das doenças diarreicas em crianças taiwanesas com idades compreendidas entre os 0 e os 14 anos são causadas pela temperatura mais elevada (Chou *et al.*, 2010).

Em Adelaide, Austrália, Nitschke *et al.* investigaram os efeitos das ondas de calor na morbilidade e mortalidade nos anos 1993-2006 e 2008-2009. Descobriram que, durante os dois períodos, se registaram aumentos de mortes em crianças com idades entre os 0 e os 4 anos (Nitschke *et al.*, 2007; Nitschke *et al.*, 2011).

Jennifer F. Bobb *at al.*, (2014) um estudo de 1987 a 2005 encontrou uma tendência negativa no risco de mortalidade relacionada com o calor, definido como o número de mortes em excesso por 1.000 mortes devido a cada aumento de 10°F na temperatura de verão do mesmo dia. A tendência temporal média nacional manteve-se negativa e estatisticamente significativa em diferentes modelos estatísticos. As cidades com maiores aumentos na prevalência de AC central tiveram reduções ligeiramente maiores no risco de mortalidade relacionada com o calor ao longo do tempo, mas a associação não foi estatisticamente significativa. Este estudo fornece fortes evidências de que o risco de mortalidade aguda relacionada com o calor tem diminuído ao longo do tempo nos Estados Unidos, mesmo nos anos mais recentes. Os autores propuseram um quadro para estudar a adaptação, aproveitando as informações sobre as tendências temporais do risco de mortalidade aguda relacionada com o calor para obter informações sobre as comunidades e subpopulações que se adaptam ao calor e os mecanismos pelos quais a adaptação pode ocorrer.

De acordo com Jiangjing Liu *et al.*, (2019), o aumento da temperatura e da humidade ambiente tem um impacto na temperatura corporal diária das vacas e na ingestão de alimentos, o que, por sua vez, tem um impacto na sua capacidade de reprodução e produção de leite.

De acordo com Youn-Hee Lim *et al.*, (2019), na Coreia do Sul, morreram 3 130 210 pessoas entre 2006 e 2017, a maior parte das quais eram idosas. De 2006 a

2017, Daegu registou a maior temperatura máxima média e as maiores ondas de calor desde 1994. Em 2016, registaram-se as ondas de calor mais intensas a atingir a Coreia do Sul desde 1994. Estima-se que as ondas de calor tenham provocado cerca de 2,5 milhões de mortes, sendo os idosos responsáveis pela maioria destas mortes por causas cardiovasculares e 49 mortes por causas respiratórias. Os efeitos na saúde não foram estatisticamente significativos, mas a investigação demonstrou que as temperaturas mais elevadas podem causar mais mortes relacionadas com o calor do que se pensava anteriormente, sendo as doenças cardíacas, as doenças renais e as perturbações mentais algumas das causas. O stress térmico e o AVC foram algumas das causas de morte estimadas no estudo.

De acordo com Soyeon Kim *et al.* (2020), o impacto da vaga de calor nos indicadores de saúde dos residentes rurais mais idosos é analisado neste estudo. Verificou-se que a pressão arterial diminuía frequentemente à medida que as temperaturas interiores e exteriores aumentavam. No entanto, verificou-se um efeito significativo da temperatura interior na pressão arterial dos idosos com hipertensão. Em comparação com estudos anteriores, os resultados apontam para uma temperatura interior comparativamente baixa e uma tensão arterial média. Durante os dias quentes de verão, a desidratação, a perda de sal e o aumento da circulação sanguínea superficial podem afetar a termorregulação e provocar o aumento da pressão arterial, o que pode aumentar as doenças respiratórias, cardiovasculares e cerebrovasculares nos idosos.

De acordo com Leonidas G. Ioannou *et al.,* (2021), os participantes do estudo aumentaram a tensão fisiológica, a duração irregular das pausas e os erros aumentaram durante a onda de calor simulada, prejudicando a produtividade humana. Ajustes precoces foram bem-sucedidos em diminuir os efeitos que foram observados durante o segundo e terceiro dias da onda de calor e tiveram um efeito benéfico no dia seguinte. Pela primeira vez, demonstrámos aqui que, embora uma onda de calor simulada controlada aumente a tensão fisiológica dos trabalhadores e diminua a produtividade do trabalho no primeiro dia, também incentiva adaptações que atenuam as consequências nos dias seguintes.

2.4.2 Constatação nacional

Estas classificações e tendências seguem uma sequência quando comparadas com a AMT de 3 dias, uma forma diferente de avaliar as ondas de calor (Meehl e Tebaldi 2004).

De acordo com Gulrez Shah Azhar *et al.* (2010), em maio de 2010, Ahmedabad, na Índia, registou uma onda de calor com temperaturas recorde, o que resultou num aumento estimado de 43% das mortes em comparação com o período de referência. Este aumento da mortalidade é consistente com os vários métodos utilizados para medir as mortes adicionais. É necessária uma análise mais aprofundada para reduzir os efeitos nocivos para a saúde entre os mais vulneráveis da Índia e ajudar o país a adaptar-se às alterações climáticas, aumentando a resiliência ao calor extremo.

De acordo com Sherwood e Huber (2010), os seres humanos e outros mamíferos podem sofrer de hipertermia se sofrerem um pico de stress térmico superior a 35C durante um período de tempo prolongado.

O estudo de Murari et al. (2015), que utiliza dados do CMIP, sugere que as ondas de calor deverão ser mais intensas, ter maior duração e ocorrer com maior frequência e no início do ano. Prevê-se que o Sul da Índia, que atualmente não é influenciado por vagas de calor, seja gravemente afetado até ao final do século XXI. As projecções indicam que uma parte considerável da Índia sofrerá de stress térmico no futuro.

Ramendra Das (2016) referiu que o stress térmico (ST) tem um impacto negativo na saúde, no metabolismo, nos sistemas hormonais e imunitários dos animais leiteiros. A carga térmica extrema compromete o bem-estar do animal e pode levar à morte. O stress térmico afecta negativamente a produção e a composição do leite, especialmente em animais com elevado mérito genético. Estima-se que a perda total anual de leite devido à HS na Índia seja de 1,8 milhões de toneladas, 2% da produção total de leite. Prevê-se que o impacto negativo do aquecimento global na produção de leite aumente para 15 milhões de toneladas até 2050. Para melhorar a rentabilidade dos produtores de leite, pode ser implementada a minimização da temperatura corporal, a melhoria da utilização dos nutrientes da dieta e a minimização da perda de electrólitos.

O evento de 2015 ficou em segundo lugar (depois de 1988) em termos de mortalidade por ondas de calor, mostrando que as ondas de calor localizadas também podem ter efeitos negativos (Rohini *et al.*, 2016, Ratnam et al., 2016, Pattanaik *et al.*, 2016).

A temperatura elevada e a humidade elevada foram caraterísticas do evento de 2015, que resultou numa morte significativa entre os seres humanos (Wehner *et al.*, 2016; Matthews *et al.*, 2017). É possível que os nossos resultados sejam diferentes da exposição prevista da população na Índia ao stress térmico causado pelo Christidis N, que tem em consideração a humidade (Sherwood e Huber 2010, Wehner *et al* 2016, Im *et al* 2017, Mazdiyasni e Aghakouchak 2015).

Sharma e Mujumdar (2017) investigaram os possíveis efeitos mais graves de ondas de calor e secas simultâneas. A precipitação mínima que caracteriza um estado de seca meteorológica pode ser exacerbada quando as ondas de calor ocorrem ao mesmo tempo. O estudo descobriu alterações significativas na simultaneidade de ondas de calor e secas meteorológicas. Em toda a Índia, a frequência de ondas de calor e secas meteorológicas simultâneas aumentou significativamente. No Centro-Oeste e no Centro-Nordeste da Índia, registam-se alterações na extensão espacial das secas que são estatisticamente significativas. No entanto, a área da Índia afetada por ondas de calor e secas simultâneas está a aumentar.

Segundo Amir AghaKouchak *et al,* (2017), duas ondas de calor mais intensas e um aumento de 0,5°C na temperatura média do verão resultaram num aumento acentuado da mortalidade relacionada com o calor na Índia. Quando o número médio de dias de onda de calor muda de 6 para 8 dias, a probabilidade de mortes relacionadas com o calor aumenta de 2,5 para 32% e a probabilidade de ocorrência de mortalidade em massa relacionada com o calor aumenta de 46 para 82%. Isto implica que a Índia e outros países tropicais e subtropicais em desenvolvimento poderão registar um declínio acentuado da população humana devido às futuras alterações climáticas. De acordo com os peritos, a temperatura na Índia aumentará de 2,2°C para 5,5°C. A Índia registou um aumento acentuado das vagas de calor ao longo dos últimos cinquenta anos.

Na Índia, o mês de maio foi o que registou o maior número de ondas de calor, e quase todas elas ocorreram entre abril e julho. Entre 1951 e 2015, registou-se um aumento significativo da frequência das ondas de calor. As ondas de calor que ocorreram em 1988, 2012 e 2015 têm efeitos significativos na saúde humana, e espera-se que estes eventos ocorram com mais frequência na Índia com base na intensidade das ondas de calor (Vimal Mishra *et al* 2017).

O estudo de Shyamli Singh e Akanksha Singhal (2019) revela uma tendência positiva da onda de calor, com os valores mais elevados em abril, maio e junho. O valor máximo do índice de calor foi de 48 em 2015, 60 em 2006 e 71 em 2011 e 2015. O estudo também destaca a influência da humidade relativa na ocorrência de ondas de calor, salientando a necessidade de uma maior compreensão dos padrões das ondas de calor na cidade.

Os fenómenos El Nino inibem principalmente as actividades de ondas de frio na Índia (Nageswara Rao et al., 2020). O estudo revelou um aumento (diminuição) contínuo do número de dias de calor durante os fenómenos El Nino (La Nina). As ondas de calor severas foram mais proeminentes (mais longas e mais quentes) em anos de El Nino. Foi observada uma associação exatamente oposta no caso dos dias CW.

Priya Dutta *et al.,* (2020) o estudo analisou 4971 mortes por todas as causas que ocorreram nos verões de 2010 e 2014; a taxa média diária de mortalidade foi significativamente maior durante o período de onda de calor. Em comparação com a média de 62,4 e 71,5 mortes/dia ao longo do período de referência, a mortalidade média diária foi de 81,1 mortes/dia em 2010 e 81,7 mortes/dia em 2014. Além disso, os dados mostram um aumento da mortalidade por todas as causas de 30% em maio de 2010 e de 14% em maio de 2014, de 580 óbitos em maio de 2010 e 306 óbitos, respetivamente, acima do período de referência.

O estudo de Preeti Malik *at al.* (2021) revela que o maior número de ondas de calor e de mortes ocorreu no estado de Maharashtra, seguido de Rajasthan, Odisha, Bengala Ocidental e Andhra Pradesh. As ondas de calor são desencadeadas por uma depressão semi-permanente que se estende desde Odisha até à costa de Tamil Nadu, provocando um aumento significativo da temperatura e condições de onda de calor. As vagas de calor máximas ocorreram nas regiões noroeste (30%), central, nordeste (28%) e centro-oeste (19%), enquanto a península registou 42% do total de vítimas mortais. A maior parte dos anos de elevada taxa de mortalidade está associada a anos de El Nino. O estudo encontrou 12 273 vítimas mortais causadas por 660 ondas de calor, com 332 vítimas mortais por ano entre 1978-2014.

De acordo com Suresh K Rathi *et al.,* (2021), para temperaturas máximas inferiores a 35°C, a média diária de mortes subiu de 91,11 para 105,71, com um aumento diário de 14,6 (16%). Para 1 200 dias de verão, foi examinado um total de 122 117 mortes, com um aumento diário de 16% para temperaturas iguais ou superiores a 40°C. Para evitar consequências negativas para a saúde da população mais vulnerável de Hyderabad, é necessária mais investigação.

De acordo com Hajat et al., as crianças com idades compreendidas entre os 0 e os 14 anos causaram um número significativo (48%) de mortes em Deli durante eventos de temperaturas elevadas.

As fases extremas El Nino e La Nina da Oscilação El Nino-Sul (ENSO) têm um impacto significativo na frequência, duração, magnitude e cobertura espacial das ondas de calor (Pai e Smitha, 2022).

2.5 Singularidade do estudo

Este estudo é único em relação a outros realizados a nível nacional e internacional, uma vez que é o primeiro a analisar os efeitos das alterações climáticas nas ondas de calor, o que levou a investigações anteriores sobre os efeitos das ondas de calor na saúde humana e animal. As temperaturas mais significativas na Índia ocorrem geralmente em maio ou no início de junho. Durante esse período, em particular, as temperaturas máximas diárias são extremamente elevadas. Nos locais secos, são comuns picos de 40°C à tarde. A exaustão pelo calor, os golpes de calor com risco de vida e as cãibras podem ser impactos desastrosos do calor extremo na saúde humana. As pessoas em maior risco são as crianças, os idosos, os sem-abrigo e os trabalhadores ao ar livre.

No âmbito da atual investigação sobre as alterações climáticas, a investigação sobre as ondas de calor tem ganho atenção nos últimos anos. Na Índia, o estado de Maharashtra registou o maior número de ocorrências, seguido do Rajastão, Odisha, Bengala Ocidental, Punjab e Andhra Pradesh; por outro lado, o estado de Andhra Pradesh registou o maior número de mortes, seguido do Rajastão, Odisha, Uttar Pradesh, Bihar e Maharashtra. Centenas de outros pacientes com sintomas de doenças relacionadas com o calor foram internados em hospitais na Índia. A maioria dos resultados adversos relacionados com o calor na Índia ocorre nas pessoas que estão diretamente expostas ao calor, como os trabalhadores ao ar livre, os sem-abrigo e as pessoas com problemas médicos pré-existentes (por exemplo, os idosos).

2.6 Resumo

O capítulo explora as tendências dos incidentes com ondas de calor e as suas causas a nível nacional e internacional. Destaca questões de saúde como a hipertermia, que pode levar a um desequilíbrio eletrolítico, febre e insuficiência renal em pessoas idosas. O estado de Maharashtra regista o maior número de ondas de calor e de vítimas mortais, seguido de Rajasthan, Odisha, Bengala Ocidental e Andhra Pradesh. O stress térmico tem um impacto negativo nos sistemas imunitário, metabólico e hormonal dos animais leiteiros. Entre 1951 e 2015, a Índia registou um aumento significativo de ondas de calor, com as mais notáveis a ocorrerem em maio ou junho. As temperaturas extremas representam um risco significativo para as crianças dos 0 aos 14 anos. Compreender o impacto das alterações climáticas nas ondas de calor é crucial para a saúde humana e animal.

2.7 Referências

Astrand, P.O., et al., 2003. Textbook of Work Physiology: Physiological Bases of Exercise (Bases Fisiológicas do Exercício), 4a ed., São Paulo, Brasil.

Chou, W.C., et al., 2010. Modelação do impacto da variabilidade climática nas doenças associadas à diarreia em Taiwan (1996-2007).

Dileep K. P., Amir A., e Sunil K. A. (2017). Aumento das ondas de calor e períodos quentes na Índia, observados a partir de uma estrutura multiaspectos.

Gouveia, N., et al., 2003. Diferenciais socioeconómicos na relação temperatura-mortalidade em São Paulo, Brasil.

Gulrez S. A., Dileep M., Amruta N. S., Ajit R., Priya D., Anjali J., Perry S., Kim K., Jeremy J. H (2014). Mortalidade relacionada ao calor na Índia: Excesso de mortalidade por todas as causas associado à onda de calor de 2010 em Ahmedabad.

Jean B. Worfolk, (2000). Ondas de calor: O seu impacto na saúde dos idosos.

Jennifer F. B., Roger D. Peng, Michelle L. B. e Francesca D. (2014). Mortalidade relacionada ao calor e adaptação ao calor nos Estados Unidos.

Jiangjing L., Lanqi L., Xiaoli C., Yongqiang L. e Dong W. (2019). Efeitos do stress térmico na temperatura corporal, produção de leite e reprodução em vacas leiteiras: uma nova ideia para monitorizar e avaliar o stress térmico - Uma revisão.

Kramer, U., et al., 2005. Sazonalidade na gravidade dos sintomas influenciada pela temperatura ou pelo pólen de gramíneas: resultados de um estudo de painel em crianças com eczema. J. Invest. Dermatol.

Leonardi, G.S., et al., 2006. Utilização da vigilância sindrómica para detetar os efeitos precoces das ondas de calor: uma análise dos dados diretos do NHS em Inglaterra.

Nitschke, M., et al., (2007). Morbidade e mortalidade durante ondas de calor na região metropolitana de Adelaide.

Nitschke, M., et al., (2011). Impacto de dois episódios recentes de calor extremo na morbilidade e mortalidade em Adelaide, Austrália do Sul: uma análise de séries de casos.

Preeti M., Pankaj B., e Omvir S. (2021). Mortes por ondas de calor na Índia: 1978-2014.

Priya D., Lm S., Dileep M., Partha S. G., Sujata S. (2020). O calor extremo mata mesmo em cidades muito quentes: Evidências de Nagpur, Índia.

R. Di C., Mazzarella R. V. (2016). Uma análise do índice de calor sobre Nápoles (Sul de Itália) no contexto da onda de calor europeia de 2003.

Ramendra D., Lalrengpuii S., Nishant V., Pranay B., Jnyanashree S., Imtiwati e Rakesh K. (2016). Impacto do stress térmico na saúde e no desempenho dos animais leiteiros: A review.

Sauer, G., Hall, J., 1996. Doenças sazonais da pele. Em: Sauer, G.C., Hall, J.C. (Eds.), Manual of Skin Diseases.

Semenza, J.C., et al., 1999. Excesso de admissões hospitalares durante a onda de calor de julho de 1995 em Chicago.

Shyamli S., Akanksha S. (2021). Onda de calor: Análise de tendências de Delhi.

Soyeon K., Sang-Yub K., Jongmin O., Yeora C., Jongchul P., Daesoo K., Young-Min K., (2020). Efeitos da onda de calor de 2018 na saúde dos idosos: implicações para as estratégias de adaptação às alterações climáticas.

Soyeon K., Sang-Yub K., Jongmin O., Yeora C., Jongchul P., Daesoo K., Young-Min K., (2020). Efeitos da onda de calor de 2018 na saúde dos idosos: implicações para as estratégias de adaptação às alterações climáticas.

Suresh K. R., Prahlad R. S. (2021). Temperatura de verão e mortalidade por todas as causas de 2006 a 2015 para Hyderabad, Índia.

Uter, et al., 1998. Um estudo epidemiológico da influência da estação do ano (ar frio e seco) na ocorrência de alterações cutâneas irritantes das mãos.

Vimal M., Sourav M., Rohini K. e Daith A. S. (2017). Exposição a ondas de calor na Índia nos mundos atual, 1,5 ∘C e 2,0 ∘C.

Zhuoran L., Zhan T., Laixiang S., Kuishuang F., Honglin Z., Tingting G., Xiaochen L. Onda de calor, racionamento de eletricidade e compromissos entre ganhos ambientais e perdas económicas: O exemplo de Xangai

3 Materiais e métodos

3.1 Introdução

O conhecimento prévio da área de estudo e a experiência na análise de ondas de calor são essenciais para obter um conhecimento aprofundado das ondas de calor. Este capítulo dá uma visão geral da área de estudo, do clima geral e de todo o calendário dos períodos de investigação. O estudo utiliza modelos climáticos para estimar o clima futuro e analisa dados climáticos históricos. Esta secção apresenta as fontes de dados, os modelos, os cenários climáticos e as técnicas.

3.2 Área de estudo

O distrito de Chandrapur (19°25' N a 20°45' N e 78°50' E a 80°10' E) está situado na região de Vidarbha, no estado de Maharashtra, na Índia central.

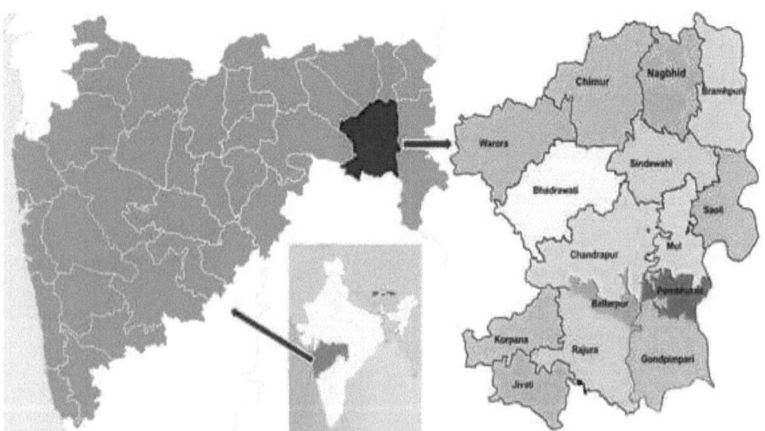

Figura 3.1 Mapa do distrito de Chandrapur com as talukas

O distrito é o distrito mais oriental do estado. O distrito tem uma área de 11.364 quilómetros quadrados e uma altitude de 106 a 589 metros acima do nível do mar, com pontos altos a sudoeste e pontos baixos a sudeste.

Existem quinze talukas no distrito. Os distritos de Nagpur (noroeste), Wardha (nordeste), Yavatmal (oeste), Adilabad (sul), Gadchiroli (leste) e Bhandara (norte) circundam o distrito. A área é rica em recursos naturais, incluindo carvão, calcário, ferro, cobre e outros minerais, para além de uma floresta densa e uma variedade de espécies. Devido à riqueza dos seus recursos naturais e minerais, o distrito assistiu ao desenvolvimento de numerosas centrais térmicas, fábricas de pasta de papel e de papel e fábricas de papel, bem como da Reserva de Tigres de Tadoba Andheri (TATR), que alberga algumas das maiores populações de tigres da Índia central.

No distrito, vivem 21.94.262 pessoas, sendo 10.73.946 mulheres e 11.20.316 homens, de acordo com o Censo da Índia de 2011. Entre 2001 e 2011, verificou-se uma taxa de crescimento decadal de 6,0% e foram encontradas 192 pessoas por quilómetro quadrado. 35,1% da população vive em áreas urbanas (Censo da Índia, 2011).

3.3 Clima

As condições climáticas de Chandrapur são de natureza tropical. Durante o inverno, os níveis de precipitação são significativamente mais baixos em comparação com os registados no verão. A temperatura média em Chandrapur é de 27,7 °C ou 81,8 °F. Uma vez que Chandrapur se situa perto do equador, os verões não são fáceis de definir. De acordo com a nossa análise, o período ideal para embarcar numa viagem é durante os meses de fevereiro, março, setembro, outubro e novembro. Em média, o mês de maio regista a temperatura mais elevada, com um valor médio de 35,8 °C ou 96,4 °F. Durante o mês de dezembro, a temperatura média regista um valor mínimo de 22,3 °C ou 72,1 °F.

3.4 Fonte de dados

Os investigadores utilizam os dados das estações do Departamento Meteorológico Indiano (IMD) ou o conjunto de dados diários de temperatura do IMD Gridded para estudar as ondas de calor e de frio na Índia. O IMD mantém cerca de 550 observatórios de superfície, onde são efectuadas observações diárias da temperatura do ar. Os dados são compilados, digitalizados, com controlo de qualidade e arquivados no Centro Nacional de Dados (NDC). O conjunto de dados foi atualizado com dados diários de temperatura desde 1961.

Apenas as estações com pelo menos 10 anos de dados, pelo menos 300 dias por ano durante 1971-2000, foram selecionadas para análise posterior. Os dados são submetidos a controlos de qualidade básicos, incluindo a rejeição de valores, temperatura mínima superior à temperatura máxima e valores de temperatura idênticos durante muitos dias consecutivos.

O Departamento Meteorológico Indiano (IMD) forneceu os dados relativos às vagas de calor para os anos 1978-2023. As estatísticas incluem: (i) o dia, o mês e o ano do evento; (ii) a localização (estado e distrito); e (iii) os dados demográficos das pessoas afectadas; (iv) um registo das pessoas mortas ou feridas; e (v) um registo dos animais mortos ou feridos. Os investigadores utilizaram muito estes números para analisar várias catástrofes e examinar a forma como estas afectaram a Índia.

3.5 Informações recolhidas pelo RTI

Utilizo o RTI para recolher dados sobre incidentes e mortes relacionados com as ondas de calor. O Ministério das Ciências da Terra regula o IMD de Pune. O IMD fornece pormenores sobre as vagas de calor na Índia em 2020-2023. O RTI forneceu informações sobre os incidentes e o número de mortes relacionadas com a vaga de calor que ocorreu em Chandrapur entre 1978 e 2023. Num mês, a informação é obtida.

3.6 Conceção do estudo da cidade de Chandrapur

Selecionei as crianças, os trabalhadores e os idosos para o estudo do impacto das ondas de calor. Ao estudar as pessoas, visitei diferentes zonas da cidade de Chandrapur, tendo selecionado 25 crianças, 30 trabalhadores e 20 idosos. Em cada grupo, 5 pessoas são população de controlo e as outras são população de amostra. A população de controlo é a que tem casas de cimento e a população de amostra é a que tem casas de metal.

3.7 Análise dos dados

Dados secundários

As informações recolhidas junto do IMD Pune. Estes dados incluem a data, a hora e o local dos incidentes, bem como informações demográficas sobre as pessoas afectadas e registos de mortes de pessoas e animais.

Dados primários

As informações recolhidas através de respostas a inquéritos. As informações recolhidas sobre os sintomas e as doenças causadas pela vaga de calor. As informações recolhidas junto dos trabalhadores, dos idosos e das crianças. Quatro capítulos exploram todos estes resultados.

3.7 Resumo

Neste capítulo, é apresentada uma descrição da área de estudo, juntamente com o clima geral, a fonte de dados, a informação recolhida através do RTI e o desenho do estudo da cidade de Chandrapur. o período de estudo. No capítulo seguinte, são apresentadas as observações e os resultados registados no estudo. Além disso, estas conclusões foram discutidas com as conclusões obtidas por outros autores

4 Resultados e discussão

4.1 Introdução

Este capítulo apresenta as observações do estudo e os resultados registados, que são explicados nos capítulos anteriores, incluindo os materiais e os procedimentos aplicados para realizar a investigação. Estes resultados foram examinados em relação às conclusões de outros autores. Foram utilizados vários métodos de análise de dados para verificar estas observações e conclusões, a fim de determinar as questões (ou objectivos) da investigação, tal como indicado no Capítulo 1.

4.2 Ondas de calor na Índia

Uma onda de calor é um período de temperaturas anormalmente elevadas, superiores à temperatura máxima normal, que ocorre durante a época de verão nas regiões do Noroeste da Índia. As vagas de calor ocorrem normalmente entre março e junho e, em alguns casos raros, prolongam-se até julho. As condições extremas de temperatura afectam negativamente as pessoas que vivem nestas regiões, pois causam stress fisiológico, resultando por vezes em mortes.

O quadro 4.2 mostra os dados do IMD de 1978-2023. Contém incidentes de ondas de calor, mortes de pessoas e animais. Mostram as mortes ocorridas durante as vagas de calor e os incidentes de vagas de calor em cada ano. Os dados mostram o número de animais mortos por ondas de calor. Muitos animais e pássaros, pavões, cabeças de gado e peixes morrem devido ao desastre das vagas de calor.

Quadro 4.1 Dados do IMD sobre incidentes de ondas de calor e mortes de pessoas e animais.

Ano	Incidente de Onda de Calor (Feitiços)	Mortes	Mortes de animais
1978	11	383	-
1979	9	451	-
1980	8	155	-
1981	7	63	1 animal e algumas aves morreram.
1982	5	16	-
1983	4	169	20 macacos morreram. Morreram 3000 cabeças de gado.
1984	7	58	-
1985	4	142	42 cabeças de gado pereceram.
1986	2	146	-
1987	3	91	-
1988	5	355	Um grande número de aves pereceu.
1989	3	42	-
1990	2	2	-
1991	3	252	-
1992	5	114	Milhares de cabeças de gado e aves morreram.
1993	6	42	-

1994	8	234	-
1995	13	219	Grande número de aves mortas Morreram 12 cabeças de gado.
1996	8	20	-
1997	7	19	-
1998	6	1662	-
1999	6	124	-
2000	16	55	Morreram milhares de peixes. Morreram 120 pavões.
2001	6	70	Morreram 18 pavões. 2 crias de tigre morreram.
2002	10	807	Morreram 6 veados.
2003	6	1539	Muitas aves pereceram.
2004	8	117	Várias aves pereceram.
2005	5	502	-
2006	16	135	-
2007	16	419	100 pavões morreram.
2008	7	111	-
2009	19	214	-
2010	7	269	-
2011	10	12	-
2012	19	732	-
2013	12	1433	-
2014	24	548	-
2015	6	2081	-

2016	1	526	6 vacas morreram. 2 animais morreram.
2017	1	1375	-
2018	14	33	-
2019	20	509	3 animais morreram. Outros 3 ficaram feridos e um búfalo morreu.
2020	18	27	-
2021	3	0	-
2022	20	30	-
2023	6	117	-

4.3 Onda de calor em cada estado da Índia

A tabela que divide o número de incidentes com ondas de calor na Índia por estado, de 1978 a 2023, analisa o número e a classificação das ocorrências, bem como a população, a área e o número e classificação das mortes. Entre 1978 e 2023, registaram-se aproximadamente 844 incidentes de ondas de calor na Índia, resultando em 13 482 mortes.

O estado de Maharashtra regista o maior número de incidentes com ondas de calor; os outros cinco estados principais são Odisha, Rajasthan, Andhra Pradesh e Bengala Ocidental. O estado de Andhra Pradesh regista o maior número de vítimas mortais; os outros quatro estados entre os cinco primeiros são Rajasthan, Odisha, Bihar e Uttar Pradesh.

Em Maharashtra, entre 1978 e 2023, foram registados 127 episódios de vagas de calor, dos quais resultaram 592 vítimas. Durante estas vagas de calor, vários distritos de Maharashtra registaram temperaturas máximas diurnas superiores a 40°C. Nomeadamente, Chandrapur registou a temperatura mais elevada, com 43,2°C.

Quadro 4.2: Número de vagas de calor e de vítimas mortais, com classificações para os Estados da Índia de 1978 a 2023

Estados	População*	Área* (km2)	Eventos		Fatalidade	
			Número	Classificação	Número	Classificação
Andhra Pradesh	84,665,533	275,045	88	4	7945	1
Pradesh do Arunachal	1,382,611	83,743	0	20	0	22
Assam	31,169,272	78,438	8	13	36	15
Bihar	103,804,637	94,163	36	9	1180	4
Chandigarh	1,054,686	114	11	12	10	20
Chhattisgarh	25,540,196	135,195	5	16	30	16
Delhi	16,753,235	1,483	5	17	61	13
Goa	1,457,723	3,702	0	21	0	23
Gujarat	60,383,628	196,244	23	13	117	11
Haryana	15,353,081	44,212	28	12	113	12
Himachal Pradesh	6,856,509	55,673	4	18	11	18
Jammu e Caxemira	12,548,926	222,236	2	19	2	21
Jharkhand	32,966,238	79,716	42	8	307	8
Karnataka	61,130,704	131,791	8	14	11	19
Kerala	33,387,677	38,852	28	11	48	14
Madhya Pradesh	72,597,565	308,252	33	10	265	10
Maharasht	**112,372,972**	**307,713**	**127**	**1**	**592**	**6**

ra						
Manipur	2,721,756	22,327	0	22	0	24
Meghalaya	2,964,007	22,327	0	23	0	25
Mizoram	1,091,041	21,081	0	24	0	26
Nagaland	1,980,602	16,579	0	25	0	27
Odisha	41,947,358	155,707	111	2	1300	3
Punjab	27,704,236	50,362	52	6	266	9
Rajastão	68,621,012	342,239	91	3	2044	2
Sikkim	607,688	7,096	0	26	0	28
Tamil Nadu	72,138,958	130,060	11	12	23	17
Tripura	3,671,032	10,486	0	27	0	29
Uttar Pradesh	199,581,477	240,928	52	7	935	5
Uttarakhand	10,116,752	53,483	0	28	0	30
Bengala Ocidental	91,347,736	88,752	79	5	496	7
Total	**1,19,79,18,848**	**3,218,588**	**844**		**13,482**	

*Dados do recenseamento da Índia de 2011

A Tabela 4.2 mostra que o número de episódios de ondas de calor em vários estados indianos é representado pela linha azul, enquanto o número de mortes é representado pela linha vermelha no gráfico. A altura do ponto representa a frequência com que as ondas de calor ocorrem no Estado, bem como o número de mortes causadas por ondas de calor. O número de mortes é maior nos estados com ondas de calor mais frequentes. Alguns Estados têm ondas de calor frequentes e um elevado número de mortes, enquanto outros têm mais incidentes e uma mortalidade mais baixa. Andhra Pradesh, Rajasthan, Odisha, Uttar Pradesh e Bihar estão entre os Estados com maior número de mortes relacionadas com as ondas de calor. As vagas de calor têm um maior impacto nos estados do norte e do centro da Índia. Andhra Pradesh, Rajasthan, Odisha, Uttar Pradesh e Bihar são responsáveis por mais de 80% das mortes causadas por ondas de calor. Em contrapartida, estados como Arunachal Pradesh, Nagaland, Meghalaya, Tripura, Sikkim, Mizoram, Uttarakhand e Goa nunca sofreram ondas de calor ou mortes.

As regiões com maior frequência de incidentes de ondas de calor são o noroeste (30%), o centro-nordeste (28%) e o centro-oeste (19%); as províncias com menor frequência são as regiões montanhosas (1%) e a península (10%). O maior número de vítimas mortais (42%), seguido do noroeste (21%) e do centro-nordeste (27%), foi registado na península. Não se registaram ocorrências de ondas de calor nem vítimas mortais em Estados como Arunachal Pradesh, Nagaland, Manipur, Meghalaya, Tripura, Sikkim, Mizoram, Uttarakhand e Goa entre 1978 e 2014. Os Estados com maior frequência de vagas de calor são Punjab, Odisha, Rajasthan e Haryana, seguidos de Chandigarh. A maior taxa anual de mortalidade por milhão de habitantes regista-se em Andhra Pradesh. As regiões noroeste e centro-oeste registam a taxa anual mais elevada de ondas de calor.

4.3 Índia - Número de vagas de calor e mortes

A figura 4.1 mostra a taxa de ondas de calor na Índia e a taxa de mortalidade entre 1978 e 2023. Os valores são apresentados como o número de mortes e de mortes e acontecimentos. De um modo geral, a Índia foi representada durante os efeitos das vagas de calor na população ao longo dos anos. Os números relativos aos eventos de ondas de calor foram elevados em 2015, quando morreram cerca de 2 081 pessoas. Em 2014, registaram-se cerca de 24 ondas de calor. Se olharmos para a tendência ao longo do tempo, podemos ver que a ocorrência de ondas de calor e a taxa de mortalidade aumentaram drasticamente neste período.

A partir de 1990, registou-se um pico súbito de ondas de calor e a taxa de mortalidade aumentou a partir de 1997. A taxa de mortalidade diminuiu em 2000 e 2011.

4.3 Maharashtra - Ondas de calor e número de mortes

A figura 4.2, que abrange o período de 1978 a 2023, mostra o número de eventos de ondas de calor e a correspondente taxa de mortalidade em Maharashtra. Os números são apresentados como número de fenómenos, mortes e mortes. Em geral, o Maharashtra foi representado durante os efeitos da onda de calor na população ao longo dos anos. O número de mortes causadas pelos incidentes da onda de calor de 2007 foi significativo, cerca de 155. Em 2019, registaram-se cerca de 17 ondas de calor. Se seguirmos a tendência ao longo do tempo, podemos observar um aumento acentuado tanto no número de mortes quanto no uso de eventos de ondas de calor. Os incidentes com ondas de calor indicam um salto repentino após 1982, e a taxa de mortalidade começa a aumentar após 1994.

4.4 Chandrapur - vagas de calor e número de mortes

A figura 4.3 mostra a taxa de mortalidade e o número de incidentes com ondas de calor em Chandrapur de 1978 a 2023. Os números representam o número total de mortes e de incidentes. De um modo geral, Chandrapur foi representada nos efeitos das ondas de calor na população ao longo do tempo. Em 2016, registaram-se cerca de 18 mortes relacionadas com ondas de calor. Em 2019, registaram-se cerca de 8 ondas de calor. O uso generalizado de incidentes de ondas de calor e as taxas de mortalidade aumentaram significativamente durante esse período, como pode ser demonstrado pela observação da tendência ao longo do tempo. O número de incidentes com ondas de calor aumentou acentuadamente após 1982, enquanto a taxa de mortalidade começou a aumentar após 2002.

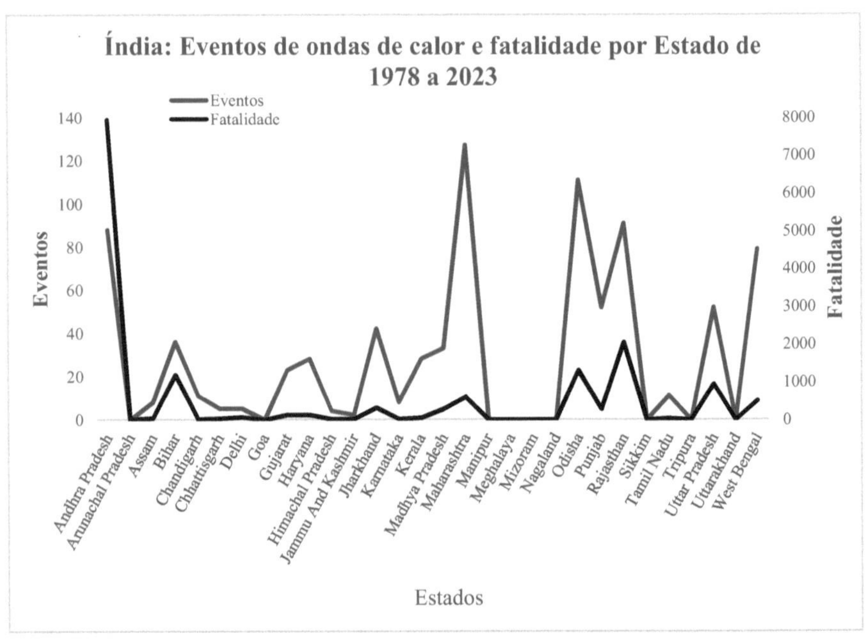

Figura 4.1 Eventos de ondas de calor e fatalidades em todos os Estados da Índia de 1978 a 2023

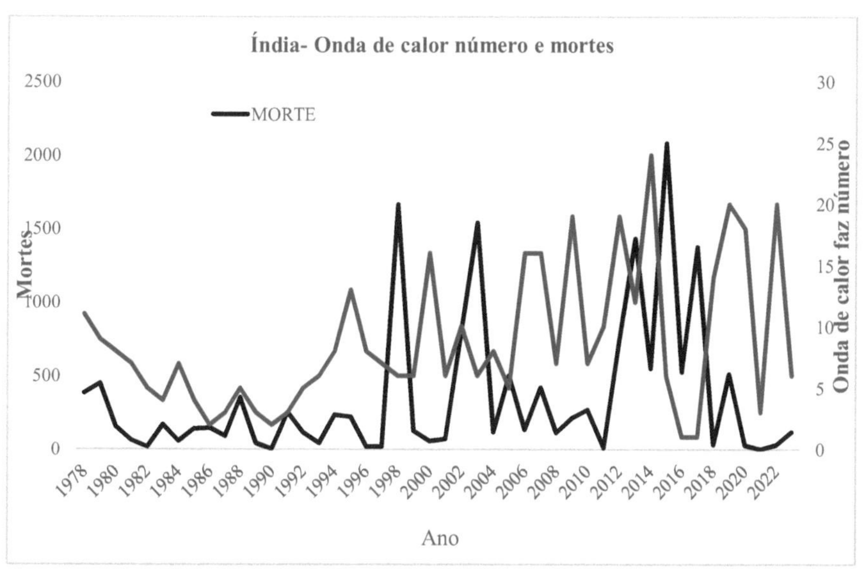

Figura 4.2 Índia - Número de vagas de calor e **de mortes**

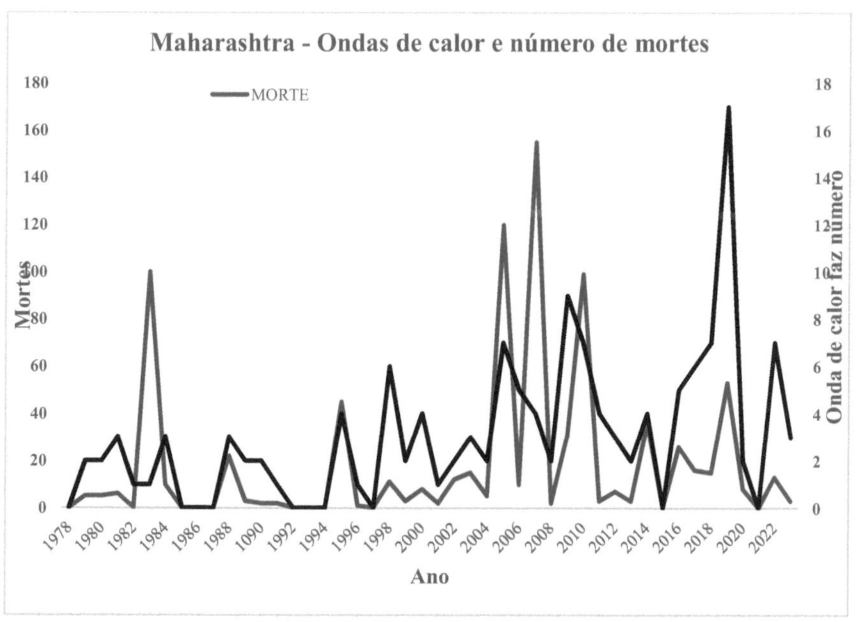

Figura 4.3 Maharashtra - Ondas de calor e número de mortes

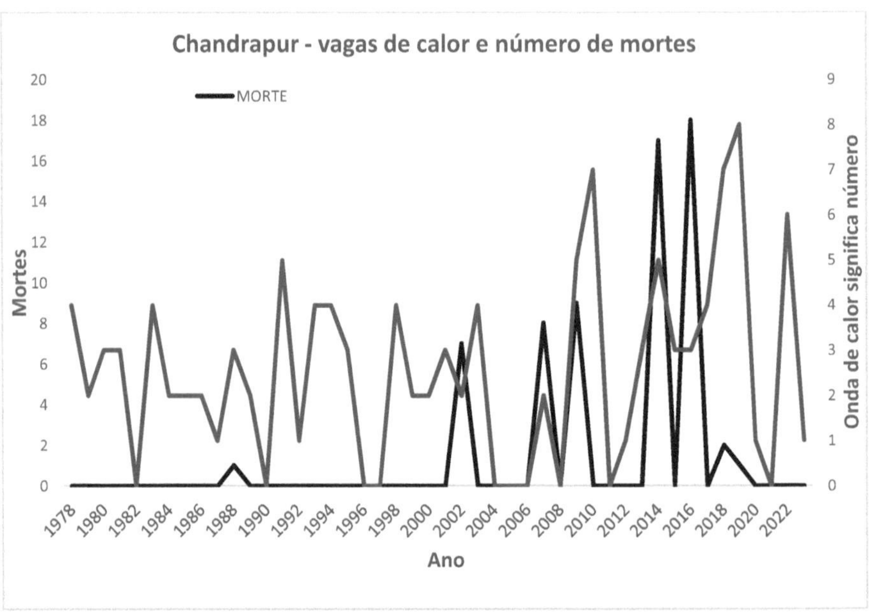

Figura 4.6Resposta sobre doenças observadas nas crianças durante a vaga de calor

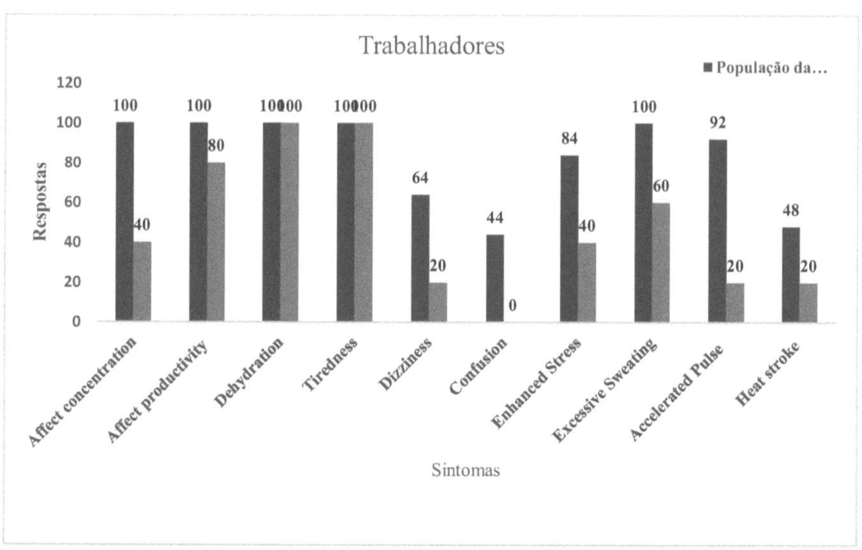

Figura 4.7 Resposta sobre os sintomas observados nos trabalhadores durante a vaga de calor

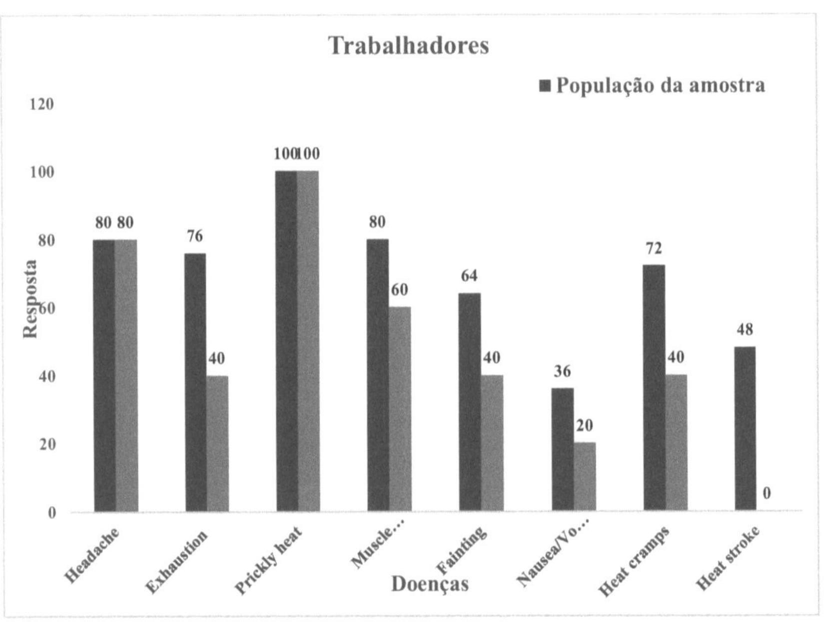

Figura 4.8 Resposta sobre doenças observadas nos trabalhadores durante a vaga de calor

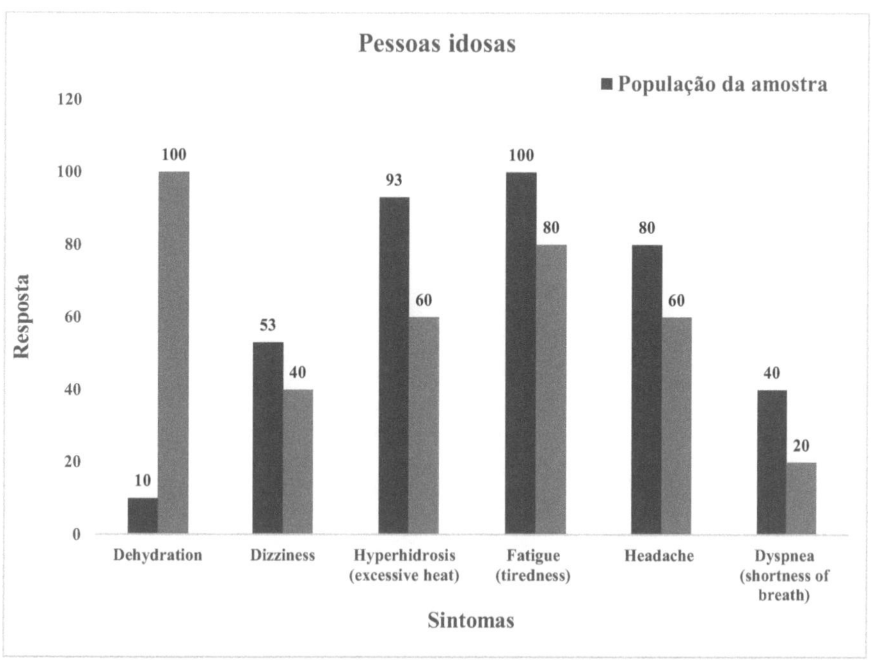

Figura 4.9 Resposta sobre os sintomas observados nas pessoas idosas durante a vaga de calor

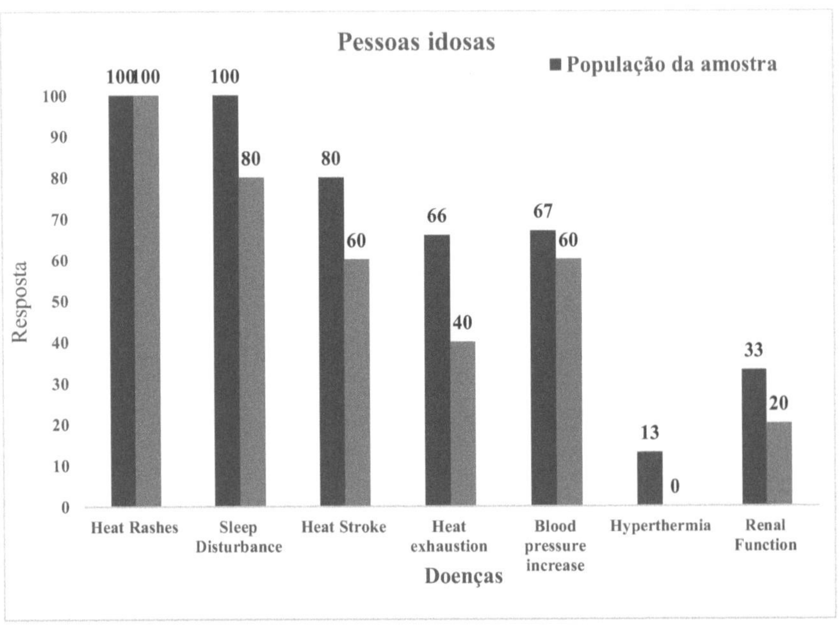

Figura 4.10 Resposta sobre doenças observadas em pessoas idosas durante a vaga de calor

4.5 Questionário sobre os efeitos das ondas de calor na saúde humana

Para a minha investigação sobre as vagas de calor, elaborei um questionário para recolher dados sobre o impacto das vagas de calor na saúde humana. As ondas de calor causam doenças que afectam as pessoas. A onda de calor pode ser a causa de algumas mortes. Este questionário foi criado com o objetivo de compreender o efeito na saúde humana. Para isso, fiz algumas perguntas que, na minha opinião, serão úteis para projectos de investigação, analisando o efeito na saúde das pessoas e o melhor plano para lidar com a catástrofe natural.

Existem três categorias diferentes de grupos: Trabalhadores, Idosos e Crianças. Utilizo a amostra e a população de controlo. A fim de compreender os diferentes impactos na amostra e na população de controlo. A população da amostra é constituída por pessoas cujas casas são feitas de chapa metálica ou estanho, enquanto a população de controlo é constituída por pessoas cujas casas são feitas de cimento ou terracota.

4.5.1 Efeito nas crianças

A pergunta do inquérito incide sobre o impacto das ondas de calor nas crianças, na medida em que estas são afectadas. Este inquérito foi concebido para crianças dos 0 aos 10 anos. O primeiro gráfico mostra os sintomas, enquanto o segundo ilustra a doença que as crianças sofrem durante as vagas de calor. A população da amostra e a população de controlo foram os dois grupos utilizados no estudo do efeito nas crianças. Há cinco pessoas no grupo de controlo e vinte pessoas na população da amostra. Para mostrar os resultados, é utilizada a percentagem.

A figura 4.5 mostra os sintomas das crianças durante as ondas de calor, com as populações da amostra e de controlo a apresentarem 100% das respostas de choro. As ondas de calor provocam irritação devido à transpiração, levando ao choro e a outros problemas de saúde. Os casos de insolação ocorrem tanto na população da amostra como na população de controlo, causando febre, tonturas, hemorragias, desidratação, queimaduras na pele, disenteria, desidratação, exaustão pelo calor e desequilíbrio eletrolítico. Na população da amostra, 80% das pessoas sofrem queimaduras na pele, 40% sofrem de disenteria, 10% sofrem de desidratação e 70% sofrem de exaustão pelo calor. A intensidade das ondas de calor aumenta, o que pode ser prejudicial para a saúde. As causas do golpe de calor também ocorrem tanto na população da amostra como na população de controlo. O gráfico destaca os potenciais riscos para a saúde associados às ondas de calor e a necessidade de monitorização e tratamento adequados.

A Figura 4.6 apresenta as doenças observadas nas crianças e as respostas recolhidas. As doenças gastrointestinais foram observadas em 100% da população de controlo e em 90% da população de amostra, as doenças respiratórias em 45% e 40% da população de amostra e de controlo. Doenças das mãos, pés e boca em 45% e 88% da amostra e da população de controlo, respetivamente, doenças pediátricas como o eczema tanto na amostra como na população de controlo, e doenças renais em 85% da amostra e 60% da população de controlo.

Durante as ondas de calor, registou-se uma diminuição das perturbações respiratórias entre as crianças dos 0 aos 4 anos; um aumento da mortalidade no mesmo grupo etário (Nitschke et al. (2007) b). Durante as ondas de calor, registou-se um aumento notável das visitas aos serviços de urgência entre as crianças dos 0 aos 4 anos; um aumento notável da mortalidade no grupo etário dos 0 aos 4 anos (Nitschke et al. (2007) b). Uma temperatura exterior mais elevada melhorou os sintomas de eczema em crianças de 9 anos (Kramer et al. (2005)). Durante as ondas de calor, o número de crianças com idades compreendidas entre os 0 e os 4 anos que visitaram os serviços de urgência devido a desequilíbrios electrolíticos aumentou significativamente (Knowlton et al. (2008)). O efeito da temperatura ambiente nas perturbações respiratórias é maior nas crianças com menos de cinco anos de idade (Green et al. (2010)). A temperatura máxima e a admissão por asma pediátrica tiveram uma correlação negativa (Loh et al. (2011)). Um aumento da temperatura foi associado a um aumento significativo do risco de doença pediátrica das mãos e da boca. Registaram-se períodos de desfasamento de 0-3 semanas entre os aumentos de temperatura e o início da doença pediátrica das mãos, pés e boca (Onozuka e Hashizume (2011)). As vagas de calor têm um impacto significativo na doença renal das crianças. A exposição ao calor extremo pode causar doenças relacionadas com o calor nas crianças, como a hipertermia e o stress térmico, e uma variedade de adaptações fisiológicas, circulatórias e termorreguladoras reflexivas podem sobrecarregar ou prejudicar o sistema renal. As doenças respiratórias das crianças também aumentam durante as vagas de calor. Knowlton e colegas descobriram que, durante a vaga de calor de 2006 na Califórnia, as idas às urgências por desequilíbrio eletrolítico e perturbações relacionadas com o calor aumentaram entre as crianças.

4.5.2 Efeito nos trabalhadores

A pergunta do inquérito incide sobre o impacto das vagas de calor nos trabalhadores, que são os mais expostos ao ar livre. Estes trabalham durante todo o dia e, por isso, são os mais afectados pelas vagas de calor. A investigação sobre o impacto nos trabalhadores incluiu dois grupos: a população da amostra e a população de controlo. Há cinco pessoas na população de controlo e vinte e cinco na população de amostra, pelo que é utilizada uma percentagem para apresentar os resultados.

A Figura 4.7 mostra que as ondas de calor provocam a perda de concentração dos trabalhadores, com uma diminuição de 100% da concentração na população da amostra, em comparação com 40% na população de controlo. Estas ondas de calor também têm impacto na produtividade, com ambos os grupos a sofrerem de cansaço, desidratação, tonturas, confusão, stress, transpiração excessiva, pulsos acelerados e insolação. O grupo de controlo sofreu menos stress, com 44% em comparação com 84% na população da amostra. O grupo da amostra teve uma transpiração excessiva mais frequente, enquanto o grupo de controlo teve menos. O golpe de calor ocorreu em 48% da amostra e em 20% da população de controlo. De um modo geral, as vagas de calor têm um impacto significativo na saúde e na produtividade dos trabalhadores.

A Figura 4.8 mostra que ambos os grupos tiveram dores de cabeça, com dores de cabeça significativas, com dores de cabeça significativas em 80% dos casos. A exaustão foi referida em 76% da amostra e em 40% no grupo de controlo. As cãibras musculares foram observadas em 88% da amostra e em 66% da população de controlo. Os desmaios foram registados em ambos os grupos, com náuseas/vómitos em menos casos. O golpe de calor foi observado em 48% do grupo da amostra.

Em ambos os países, a maioria dos trabalhadores afirmou que o impacto do stress térmico no seu trabalho não era insignificante. Além disso, um grande número de trabalhadores classifica como significativo o impacto do stress térmico na produtividade. De acordo com o relatório dos trabalhadores, o stress térmico também afectou gravemente o seu bem-estar, mas não a sua concentração. Todos os efeitos relatados são estatisticamente significativos para toda a amostra e para cada país separadamente, com a única exceção do efeito de bem-estar para a Grécia.

4.5.3 Efeito nas pessoas idosas

A pergunta do inquérito incide sobre o impacto da vaga de calor nos idosos, que estão a sofrer com ela. O primeiro gráfico ilustra os sintomas, enquanto o segundo mostra a doença que os idosos sofrem durante as vagas de calor. A investigação da influência sobre os idosos incluiu dois grupos: a população da amostra e a população de controlo. Há cinco pessoas na população de controlo e quinze pessoas na população de amostra, pelo que se utilizou uma percentagem para apresentar os resultados.

A Figura 4.9 mostra que os idosos durante uma onda de calor sofrem de desidratação, tonturas, hiperidrose, fadiga, dores de cabeça e dispneia. A desidratação foi registada em 53% do grupo de amostra e em 40% do grupo de controlo, enquanto as tonturas foram registadas em 53% do grupo de amostra e em 40% do grupo de controlo. A hiperidrose foi detectada em 93% do grupo de amostra e em 68% do grupo de controlo. A fadiga foi registada em 100% do grupo de amostra e em 60% do grupo de controlo.

A figura 4.10 mostra que os idosos sentem desconforto devido a erupções de calor, perturbações do sono que levam a uma insolação em 80% do grupo de amostra e 60% do grupo de controlo, exaustão pelo calor em 66% do grupo de amostra e 40% da população de controlo, aumento da pressão arterial, hipertermia e apenas uma ligeira função renal observada em ambos os grupos durante uma onda de calor.

4.6 Impacto nos animais

O quadro 4.3 mostra as mortes de animais durante a vaga de calor.

Ano	Mortes de animais
1981	Um animal e algumas aves morreram.
1983	20 macacos morreram. Morreram 3000 cabeças de gado.
1985	42 cabeças de gado pereceram.
1988	Um grande número de aves pereceu.
1992	Milhares de cabeças de gado e aves morreram.
1995	Grande número de aves mortas Morreram 12 cabeças de gado.
2000	Morreram milhares de peixes. Morreram 120 pavões.
2001	Morreram 18 pavões. 2 crias de tigre morreram.
2002	Morreram 6 veados.
2003	Muitas aves pereceram.
2004	Várias aves pereceram.
2007	100 pavões morreram.
2016	6 vacas morreram. 2 animais morreram.
2019	3 animais morreram. Outros 3 ficaram feridos e um búfalo morreu.

O ano em que o incidente ocorreu. Uma visão geral dos tipos e números de animais que pereceram devido ao calor extremo. As ondas de calor causadas pelas alterações climáticas tornam as condições de seca severas em todos os ambientes. Os animais afectados por uma grave falta de água incluem peixes, aves, tigres, vacas, pavões e cabeças de gado. Animais afectados pelas ondas de calor, especialmente gado e cabeças de vaca que pereceram.

4.7 Tendências das ondas de calor

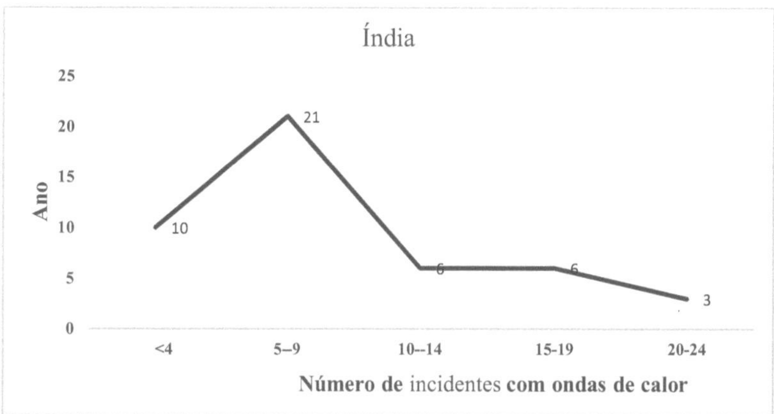

Figura 4.11 Incidentes com ondas de calor na Índia ao longo dos anos.

A figura 4.11 mostra a frequência dos incidentes com ondas de calor na Índia ao longo dos anos. Registaram-se 10 anos com mais de quatro incidentes de ondas de calor. O pico ocorreu em 21 anos com 5-9 incidentes. O número de anos diminuiu para 6, tanto para as gamas de incidentes 10-14 como 15-19. Apenas 3 anos registaram 20-24 incidentes de ondas de calor.

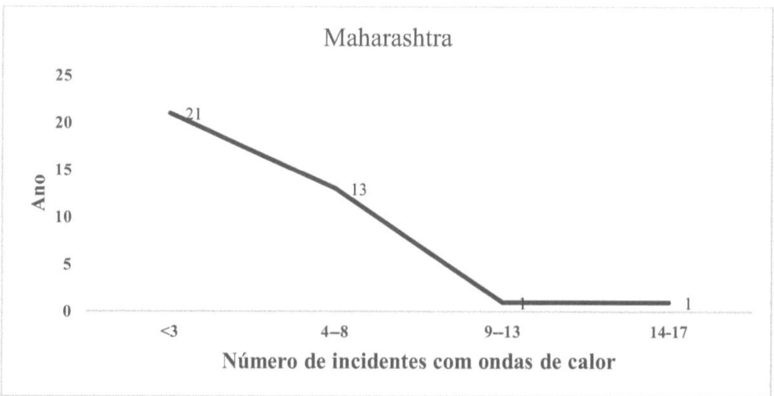

Figura 4.12 Incidentes com ondas de calor em Maharashtra ao longo dos anos.

A figura 4.12 representa o número de incidentes com ondas de calor no Estado de Maharashtra durante um período de tempo. O eixo x mostra as diferentes categorias de incidentes de ondas de calor. Estas categorias são: <3, 4-8, 9-13 e 14-17. Cada categoria representa o número de incidentes de ondas de calor que ocorreram durante um ano específico. No gráfico estão representados os seus pontos de dados: Em 21 anos, registaram-se menos de 3 incidentes de ondas de calor. Em 13 anos, registaram-se 4-8 incidentes de ondas de calor. Apenas 1 ano registou 14-17 incidentes de ondas de calor. A linha azul que liga estes pontos mostra um declínio no número de anos com incidentes crescentes de vagas de calor. À medida que a gravidade dos incidentes com ondas de calor aumenta, o número de anos diminui.

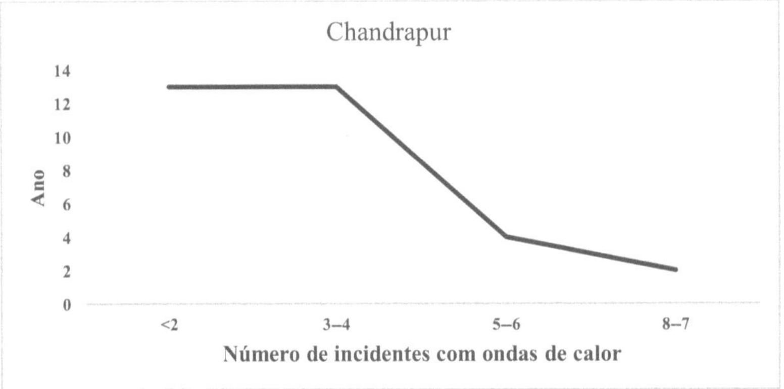

Figura 4.13 Incidentes de ondas de calor em Chandrapur ao longo dos anos.

A figura 4.13 representa o número de incidentes de ondas de calor na cidade de Chandrapur durante um período de tempo. O eixo x mostra as diferentes categorias de incidentes de ondas de calor. Estas categorias são <2, 3-4, 5-6 e 8-7. Cada categoria representa o número de incidentes de ondas de calor que ocorreram durante um ano específico. Existem três pontos de dados representados no gráfico: Em 21 anos, registaram-se menos de 2 incidentes de ondas de calor. Em 13 anos, registaram-se 3-4 incidentes de ondas de calor.

Apenas 1 ano registou 7-8 incidentes de ondas de calor. A linha azul que liga estes pontos mostra um declínio no número de anos com incidentes crescentes de ondas de calor. À medida que a gravidade dos incidentes com ondas de calor aumenta, o número de anos diminui.

4.8 El-Nino afecta onda de calor

Este estudo examinou a relação entre o El Niño Southern Oscillation (ENSO) e as caraterísticas das vagas de calor, incluindo a duração, o número de dias de vaga de calor por ano e a temperatura mais elevada registada durante os incidentes de vaga de calor na Índia.

Tabela 4.4 Perda de vidas na Índia e eventos em ano de El-Nino.

Intensidad e do El-Nino	Ano El-Nino	Ano anterior El-Nino		Durante Ano El-Nino		Ano seguinte	
		Eventos	Mortes	Eventos	Mortes	Eventos	Mortes
Fraco	1978	-	-	11	383	9	451 (117%)
Muito forte	1982	7	63 (394%)	5	16	4	169 (1056%)
Muito forte	1983	5	16 (-1056%)	4	169	7	58 (-291%)
Moderad o	1986	4	142 (97%)	2	146	3	91 (-160%)
Forte	1987	2	146 (160%)	3	91	5	355 (390%)
Forte	1988	3	91 (-390%)	5	355	3	42 (-845%)
Forte	1991	2	2 (-12,600%)	3	252	5	114 (-221%)
Forte	1992	3	252	5	114	6	42

			(221%)				(-271%)
Moderado	1994	6	42 (-557%)	8	234	13	219 (-106)
Moderado	1995	13	234 (106%)	8	219	7	20 (-1095)
Muito forte	1997	8	20 (105%)	7	19	6	1662 (8747%)
Muito forte	1998	7	19 (-8747%)	6	1662	6	124 (-1340%)
Moderado	2002	6	70 (-1152%)	10	807	6	1539 (190%)
Moderado	2003	10	807 (-190%)	6	1539	8	117 (-1315%)
Fraco	2004	6	1539 (1315%)	8	117	5	502 (429%)
Fraco	2005	8	117 (-429%)	5	502	16	135 (-371%)
Fraco	2006	5	502 (371%)	16	135	16	419 (310%)
Fraco	2007	16	135 (-310%)	16	419	7	111 (-377%)
Moderado	2009	7	111 (-192%)	19	214	7	269 (125%)
Moderado	2010	19	214 (-125%)	7	269	10	12 (-2241%)
Fraco	2014	12	1433 (245%)	24	584	6	2081 (356%)

Muito forte	2015	24	584 (-356%)	6	2081	1	526 (-395%)
Muito forte	2016	6	2081 (395%)	1	526	1	1375 (261%)
Fraco	2018	1	1375 (4166%)	14	33	20	509 (1542%)
Fraco	2019	14	33 (-1542%)	20	509	18	27 (1885%)

A Tabela 4.4 mostra os incidentes e mortes por ondas de calor dos anos El-Nino na Índia durante 1978-2019. A intensidade do fenómeno El-Nino nos anos é classificada em fraca, moderada, forte e muito forte. Contém o ano anterior ao ano El-Nino, durante o ano El-Nino e o ano seguinte. Durante o ano do El-Nino, o número de mortes em comparação com o ano do El-Nino anterior e o ano seguinte, com a ajuda da percentagem.

4.9 El-Nino ano por intensidade

O El-Nino consiste na intensidade do El-Nino dos anos, que pode ser fraca, moderada, forte e muito forte.

4.9.1 Ano de El-Nino fraco

Quadro 4.5 Mortes e acontecimentos durante a vaga de calor do ano de El-Nino fraco

Intensidade do El-Nino	Ano El-Nino	Ano anterior ao El-Nino		Durante Ano El-Nino		Ano seguinte	
		Eventos	Mortes	Eventos	Mortes	Eventos	Mortes
Fraco	1978	-	-	11	383	9	451(117%)
Fraco	2004	6	1539(1315%)	8	117	5	502
Fraco	2005	8	117(-429%)	5	502	16	135
Fraco	2006	5	502(371%)	16	135	16	419
Fraco	2007	16	135(-310%)	16	419	7	111
Fraco	2014	12	1433(245%)	24	584	6	2081
Fraco	2018	1	1375(4166%)	14	33	20	509
Fraco	2019	14	33(-1542%)	20	509	18	27

4.9.2 Ano El-Nino moderado

Quadro 4.6 Mortes e acontecimentos durante a vaga de calor do ano de El-Nino moderado

Intensidade do El-Nino	Ano El-Nino	Ano anterior ao El-Nino		Durante Ano El-Nino		Ano seguinte	
		Eventos	Mortes	Eventos	Mortes	Eventos	Mortes
Moderado	1986	4	142(97%)	2	146	3	91
Moderado	1994	6	42(-557%)	8	234	13	219
Moderado	1995	13	234(106%)	8	219	7	20
Moderado	2002	6	70(-1152%)	10	807	6	1539
Moderado	2003	10	807(-190%)	6	1539	8	117
Moderado	2009	7	111(-192%)	19	214	7	269
Moderado	2010	19	214(-125%)	71	269	10	12

4.9.3 Ano de El-Nino forte

Quadro 4.7 Mortes e acontecimentos durante a vaga de calor do ano de El-Nino forte

Intensid ade do El-Nino	Ano El-Nino	Ano anterior ao El-Nino		Durante Ano El-Nino		Ano seguinte	
		Evento s	Mortes	Even tos	Morte s	Eventos	Mortes
Forte	1987	2	146(160 %)	3	91	5	355
Forte	1988	3	91(-390%)	5	355	3	42
Forte	1991	2	2(-12,600 %)	3	252	5	114
Forte	1992	3	252(221 %)	5	114	6	42

4.9.4 Anos de El-Nino muito forte

Quadro 4.8 Mortes e acontecimentos durante a vaga de calor do ano de El-Nino muito forte

Intensidade do El-Nino	Ano El-Nino	Ano anterior ao El-Nino		Durante Ano El-Nino		Ano seguinte	
		Eventos	Mortes	Eventos	Mortes	Eventos	Mortes
Muito forte	1982	7	63 (394%)	5	16	4	169(1056%)
Muito forte	1983	5	16 (-1056%)	4	169	7	58
Muito forte	1997	8	20(105%)	7	19	6	1662
Muito forte	1998	7	19(-8747%)	6	1662	6	124
Muito forte	2015	24	584(-356%)	6	2081	1	526
Muito forte	2016	6	2081(395%)	1	526	1	1375

Esta tabela de todos os anos do El-Nino contém a intensidade do ano do El-Nino que afecta a onda de calor e estuda o impacto da onda de calor na taxa de incidentes e mortes.

4.10 Resumo

Este capítulo estuda os efeitos das ondas de calor em Maharashtra e Chandrapur, na Índia. Foram utilizados gráficos e quadros para apresentar os resultados. Este capítulo analisa os efeitos das ondas de calor em Maharashtra e Chandrapur, na Índia. Os resultados do inquérito realizado aos trabalhadores, idosos e crianças são apresentados neste capítulo. Com a ajuda de gráficos, podem ser observados os efeitos das ondas de calor na saúde humana.

4.11 Referência

Preeti M., Pankaj B., e Omvir S. (2021). Mortes por ondas de calor na Índia: 1978-2014.

Zhiwei X., Ruth A. E., Hong S., Cunrui H., Yuming G., Shilu T. (2012). Impacto da temperatura ambiente na saúde das crianças: Uma revisão sistemática.

Zhiwei X., Perry E. S., Wenbiao H., Hong S., Weiwei Y., Xin Q. e Shilu T. (2012). Alterações climáticas e saúde infantil - um apelo à investigação sobre o que funciona para proteger as crianças.

Tjaša P., Zala Ž., Lucka K. B., Andreas D. F., Konstantina P. e Zalika C. (2019). Ocorrência de ondas de calor e autoavaliação dos trabalhadores ao ar livre sobre o stress térmico na Eslovénia e na Grécia.

5 Resumo e conclusões

5.1 Introdução

Este capítulo apresenta um resumo do estudo efectuado sobre a onda de calor e o seu impacto na saúde no distrito de Chandrapur, Maharashtra. Além disso, são apresentadas várias conclusões, observações obtidas e resultados registados no estudo. A contribuição deste estudo para o domínio em causa foi assinalada. As conclusões retiradas deste estudo serão úteis para as implicações dos decisores políticos. Estas implicações são também discutidas neste capítulo. O âmbito de outros estudos futuros nesta direção por parte de outros estudantes também foi destacado. O capítulo é concluído com a indicação de algumas limitações do estudo.

5.2 Resumo

Esta secção apresenta um resumo dos diferentes capítulos da tese. O resumo destaca os aspectos importantes abordados no capítulo específico. Além disso, as diferentes conclusões registadas também foram resumidas brevemente.

Capítulo 1: Introdução

As vagas de calor, fenómenos meteorológicos extremos, tornaram-se uma preocupação importante para a gestão de catástrofes na Índia devido ao seu grave impacto na saúde e no ambiente. As alterações climáticas estão a provocar um aumento das temperaturas médias e a aumentar os riscos de ondas de calor graves. O calor extremo pode ter consequências perigosas para a saúde, incluindo o stress térmico e a insolação. As ondas de calor são consideradas assassinas silenciosas devido ao seu impacto direto e grave na saúde humana. Em 2015, a Índia registou uma onda de calor que causou mais de 2300 mortes, classificando-se como a quinta pior a nível mundial. A maioria destas mortes ocorreu em Andhra Pradesh, Telangana, Punjab, Odisha e Bihar.

Em 2016, a temperatura global continuou a aumentar, sendo abril de 2016 o mês com a temperatura média global mais elevada registada. As fortes ondas de calor contribuíram para muitas mortes relacionadas com o calor. O

Departamento Meteorológico Indiano (IMD) utiliza critérios para as ondas de calor e de frio utilizando os dados de temperatura das estações, enquanto o Departamento Metrológico Indiano regista todos os dados metrológicos de superfície nos níveis Laper prescritos.

Este estudo examina os efeitos relacionados com o calor nas populações indígenas tribais, rurais e urbanas, identificando soluções acessíveis, iniciativas legislativas e obstáculos à sua implementação.

Capítulo 2: Revisão da literatura

O capítulo apresenta, no interior de vários estudos, as tendências dos incidentes e das vítimas de ondas de calor a nível nacional e internacional. Estas ocorrências podem resultar em problemas de saúde significativos, como a hipertermia - uma condição em que a temperatura do corpo aumenta devido a um desequilíbrio entre a produção e a dissipação de calor. Os idosos sofrem frequentemente de exaustão pelo calor, o que conduz a um desequilíbrio eletrolítico, febre e insuficiência renal. De acordo com o relatório, o estado de Maharashtra é o que regista o maior número de ondas de calor e de vítimas mortais, seguido do Rajastão, Odisha, Bengala Ocidental e Andhra Pradesh. Além disso, o estudo refere que o stress térmico tem um impacto negativo nos sistemas imunitário, metabólico e hormonal dos animais leiteiros. Entre 1951 e 2015, a Índia registou um aumento acentuado das ondas de calor, tendo as mais notáveis ocorrido por volta de maio ou na primeira parte de junho. Em temperaturas extremas, há um perigo considerável de morte para crianças de 0 a 14 anos. O estudo sublinha a importância de compreender como as ondas de calor são afectadas pelas alterações climáticas e como podem afetar a saúde humana e animal.

Capítulo 3: Materiais e métodos

Chandrapur, o distrito mais oriental da Índia, é o lar de um rico recurso natural e de uma população diversificada. Com uma população de 21.94.262 habitantes, o distrito registou um crescimento significativo, com 35,1% a viver em zonas urbanas. O clima é tropical, com níveis de precipitação mais baixos durante o inverno e uma temperatura média de 27,7 °C ou 81,8 °F. Os investigadores utilizam os dados das estações do Departamento Meteorológico Indiano (IMD) e o conjunto de dados diários de temperatura do IMD Gridded para estudar as ondas de calor e de frio na Índia. O IMD fornece dados sobre ondas de calor de 1978 a 2023, incluindo dia, mês, ano, localização, dados demográficos e fatalidades. O Ministério das Ciências da Terra regula o IMD Pune, fornecendo pormenores sobre as ondas de calor na Índia de 2020 a 2023. Os investigadores selecionaram crianças, trabalhadores e idosos para o estudo do impacto das ondas de calor, visitando diferentes zonas da cidade de Chandrapur. A população de controlo inclui as pessoas com idades compreendidas entre os 0 e os 25 anos, enquanto a população de amostra inclui as pessoas com idades compreendidas entre os 25 e os 79 anos.

Capítulo 4: Resultados e Discussões

Este capítulo fornece pormenores relativos aos resultados obtidos para o estudo da onda de calor. O resumo dos resultados obtidos é o seguinte:

Onda de calor na Índia

As ondas de calor na Índia, que ocorrem normalmente entre março e junho, são temperaturas anormalmente elevadas que causam stress fisiológico e podem provocar a morte. Os dados do IMD de 1978-2023 mostram os incidentes de ondas de calor, as mortes de seres humanos e animais e o número de animais mortos por catástrofes causadas por ondas de calor.

Onda de calor em cada estado da Índia

Entre 1978 e 2023, a Índia registou aproximadamente 844 incidentes de ondas de calor, resultando em 13 482 mortes. Maharashtra registou o maior número de incidentes, seguido de Odisha, Rajasthan, Andhra Pradesh e Bengala Ocidental. Andhra Pradesh registou o maior número de vítimas mortais. O Maharashtra registou 127 episódios de ondas de calor, tendo Chandrapur registado a temperatura mais elevada, com 43,2°C.

O número de episódios de vagas de calor e de mortes nos Estados indianos, com Andhra Pradesh, Rajasthan, Odisha, Uttar Pradesh e Bihar a registarem o maior número de mortes. Os Estados do norte e do centro têm o maior impacto, sendo responsáveis por mais de 80% das mortes causadas por vagas de calor. As regiões noroeste, centro-nordeste e centro-oeste registam a maior frequência de incidentes com ondas de calor, enquanto as regiões montanhosas e peninsulares registam a menor. A península tem a taxa de mortalidade mais elevada (42%), seguida do noroeste (21%) e do centro-nordeste (27%).

Número de vagas de calor e de mortes - Índia, Maharashtra e Chandrapur

A Índia registou efeitos significativos das vagas de calor na sua população entre 1978 e 2023, com um elevado número de mortes em 2015 e 24 vagas de calor em 2014. A ocorrência de ondas de calor e de mortes aumentou drasticamente, com um pico súbito após 1990 e uma retoma após 1997. A taxa de mortalidade diminuiu em 2000 e 2011.

Maharashtra registou ondas de calor significativas de 2007 a 2019, com 155 mortes e 17 ondas de calor em 2019. O número de mortes aumentou acentuadamente após 1982, e a taxa de mortalidade começou a aumentar após 1994.

Chandrapur também registou efeitos de ondas de calor, com 18 mortes relacionadas com ondas de calor em 2016 e 8 ondas de calor em 2019. A generalização dos incidentes de ondas de calor e as taxas de mortalidade aumentaram significativamente, com o número de incidentes a aumentar acentuadamente após 1982 e a taxa de mortalidade a começar a aumentar após 2002. Globalmente, a Índia e Chandrapur registaram efeitos significativos das ondas de calor nas suas populações ao longo do tempo.

Questionário sobre os efeitos das ondas de calor na saúde humana

O questionário de investigação sobre ondas de calor tem como objetivo compreender o impacto das ondas de calor na saúde humana, incluindo doenças e mortes. O questionário inclui três categorias: trabalhadores, idosos e crianças.

A população da amostra é constituída por pessoas com casas de chapa metálica ou estanho, enquanto a população de controlo é constituída por pessoas com casas de cimento ou terracota. O questionário será útil em projectos de investigação e na gestão de catástrofes.

Efeito nas crianças

O inquérito incide sobre o impacto das ondas de calor nas crianças dos 0 aos 10 anos. O gráfico mostra os sintomas e doenças sentidos durante as ondas de calor, com as populações da amostra e de controlo a apresentarem 100% das respostas de choro. As ondas de calor provocam irritação devido à transpiração, levando ao choro e a outros problemas de saúde. Os casos de insolação ocorrem tanto na população da amostra como na população de controlo, causando febre, tonturas, hemorragias, desidratação, queimaduras na pele, disenteria, desidratação, exaustão pelo calor e desequilíbrio eletrolítico. As doenças gastrointestinais foram observadas em 100% da população de controlo e em 90% da população de amostra, as doenças respiratórias em 45% e 40%, a febre aftosa em 45% e 88%, as doenças pediátricas como o eczema tanto na população de amostra como na de controlo e as doenças renais em 85% e 60% da população de controlo. As ondas de calor têm um impacto significativo na doença renal das crianças, com a exposição ao calor extremo a causar doenças relacionadas com o calor, como a hipertermia e o stress térmico.

Efeito nos trabalhadores

O inquérito investiga o impacto das ondas de calor nos trabalhadores, que estão mais expostos ao ar livre. A investigação envolveu uma amostra e uma população de controlo, com uma percentagem da população. Os resultados mostraram que as ondas de calor provocam nos trabalhadores perda de concentração, fadiga, desidratação, tonturas, confusão, stress, transpiração excessiva, pulsos acelerados e insolação. Ambos os grupos sentiram dores de cabeça, exaustão, cãibras musculares, desvanecimento e insolação. A maioria dos trabalhadores referiu que o impacto do stress térmico no seu trabalho não era insignificante, e um número significativo de trabalhadores classificou o impacto na produtividade como significativo.

Efeito nas pessoas idosas

O inquérito investiga o impacto das ondas de calor na população idosa. Inclui uma população de amostra e uma população de controlo. Os resultados mostram que os idosos durante as ondas de calor sofrem de desidratação, tonturas, hiperidrose, fadiga, dores de cabeça e dispneia. Sentem também desconforto devido a erupções cutâneas provocadas pelo calor, perturbações do sono que conduzem a uma insolação, exaustão pelo calor, aumento da pressão arterial, hipertermia e apenas uma ligeira função renal. Os resultados evidenciam os desafios significativos para a saúde enfrentados pelos idosos nestas condições.

Impacto nos animais

No ano em questão, registaram-se ondas de calor extremas que provocaram condições de seca severas, resultando na morte de vários animais, incluindo peixes, aves, tigres, vacas, pavões e cabeças de gado.

Tendências das ondas de calor

O gráfico mostra a frequência dos incidentes de ondas de calor na Índia ao longo do tempo, com um pico a ocorrer em 21 anos com 5-9 incidentes. O número de anos diminuiu para 6 para os intervalos de incidentes 10-14 e 15-19, com apenas 3 anos com 20-24 incidentes. O gráfico Fig. 4.9 mostra o número de incidentes de ondas de calor em Maharashtra, com categorias que variam de <3, 4-8, 9-13 e 14-17. Em 21 anos, registaram-se menos de 3 incidentes, enquanto em 13 anos se registaram 4-8 incidentes. Em Chandrapur, o número de incidentes de ondas de calor diminuiu com o aumento da gravidade. A linha azul que liga estes pontos mostra um declínio no número de anos com o aumento da gravidade, indicando uma tendência decrescente na frequência das ondas de calor.

El-Nino afecta onda de calor

O estudo explora a relação entre o El Niño Oscilação Sul (ENSO) e as caraterísticas das ondas de calor na Índia, incluindo a duração, o número de dias de ondas de calor por ano e as temperaturas mais elevadas registadas durante os incidentes de ondas de calor. Revela que os anos de El-Nino em 1978-2019 tiveram níveis de intensidade variáveis, com anos de El-Nino fracos, moderados, fortes e muito fortes a afetar as taxas de incidentes e de mortes.

Capítulo 5: Resumo e conclusões

Este capítulo apresenta um resumo dos diferentes capítulos da tese, seguido das conclusões retiradas das observações e dos resultados obtidos no estudo. Além disso, são indicados o âmbito futuro dos estudos, a contribuição no domínio em questão, as implicações, a contribuição social, as recomendações e as limitações do estudo.

5.3 Conclusões

As conclusões retiradas dos resultados obtidos para este estudo são as seguintes:

- Foram observadas as tendências das ondas de calor na Índia, em Maharashtra e em Chandrapur.

- A vaga de calor provoca vítimas mortais na Índia, em Maharashtra e em Chandrapur.

- Foi observado o impacto na saúde humana, especialmente nas crianças, nos trabalhadores e nos idosos.

- Observa-se o impacto do El-Nino nos incidentes e mortes causados pelas ondas de calor.

- Foi observada a taxa de mortalidade dos animais durante as vagas de calor.

5.4 Precaução e prevenção

- Evitar sair ao sol, sobretudo entre as 12 e as 15 horas.

- Beber água suficiente e tão frequentemente quanto possível, mesmo que não tenha sede.

- Usar roupas leves, de cor clara, largas e de algodão poroso. Usar óculos de proteção, guarda-chuva/chapéu, sapatos ou chappals quando sair ao sol.
- Evitar actividades extenuantes quando a temperatura exterior é elevada. Evitar trabalhar no exterior entre as 12 e as 15 horas.
- Quando viajar, leve água consigo.
- Evitar o álcool, o chá, o café e os refrigerantes com gás, que desidratam o corpo.
- Evitar alimentos ricos em proteínas e não comer alimentos estragados.
- Se trabalhar ao ar livre, use um chapéu ou um guarda-chuva e use também um pano húmido na cabeça, pescoço, rosto e membros.
- Não deixar crianças ou animais de estimação em veículos estacionados.
- Se se sentir fraco ou doente, consulte imediatamente um médico.
- Utilizar SRO, bebidas caseiras como lassi, torani (água de arroz), água com limão, leitelho, etc., que ajudam a re-hidratar o corpo.
- Mantenha os animais à sombra e dê-lhes muita água para beber.
- Mantenha a sua casa fresca, utilize cortinas, persianas ou guarda-sóis e abra as janelas à noite.
- Utilizar ventoinhas, roupa húmida e tomar banho em água fria com frequência.

5.5 Minimizar o impacto durante a onda de calor

- Ouvir Não deixar crianças ou animais de estimação em veículos estacionados.
- Evitar sair ao sol, sobretudo entre as 12 e as 15 horas.
- Evitar usar roupa escura, pesada ou apertada.
- Evitar actividades extenuantes quando a temperatura exterior é elevada. Evitar trabalhar no exterior entre as 12 e as 15 horas.

- Evitar cozinhar durante as horas de ponta. Abrir portas e janelas para ventilar adequadamente a zona de cozedura.

- Evitar o álcool, o chá, o café e os refrigerantes com gás, que desidratam o corpo.

- Evitar alimentos ricos em proteínas e não comer alimentos estragados.

5.6Referências

fonte: https://ndma.gov.in/en/heat-do-s-and-dont-s.html

fonte: https://www.ndma.gov.in/Natural-Hazards/Heat-Wave/Dos-Donts

Bibliografia

Alina H. e Rainer S. (2018). Percepções dos médicos de clínica geral sobre os impactos do calor na saúde dos idosos face às alterações climáticas - um estudo qualitativo em Baden-Württemberg, Alemanha.

Amruta N. S., Tarik B., Ajit R., Gulrez S. A., Prakash G., Mangesh S. P. e Michelle L. B. (2019). Avançando nossa compreensão dos critérios de ondas de calor e impactos associados à saúde para melhorar os alertas de ondas de calor nas configurações dos países em desenvolvimento.

Astrand, P.O., et al., 2003. Textbook of Work Physiology: Physiological Bases of Exercise (Bases Fisiológicas do Exercício), 4a ed., São Paulo, Brasil.

Baoyan Z., Bo S., Hua L. e Huijun (2020). Variações interdecadais de Wang em eventos extremos de alta temperatura no sul da China no início dos anos 2000 e a influência da Oscilação Decadal do Pacífico.

Chou, W.C., et al., 2010. Modelação do impacto da variabilidade climática nas doenças associadas à diarreia em Taiwan (1996-2007).

Dileep K. P., Amir A., e Sunil K. A. (2017). Aumento das ondas de calor e períodos quentes na Índia, observados a partir de uma estrutura de múltiplos aspectos.

G. C. S. e D. V. Bhaskar R. (2020). Fenologia das ondas de calor na Índia.

Gouveia, N., et al., 2003. Diferenciais socioeconómicos na relação temperatura-mortalidade em São Paulo, Brasil.

Guleria, S. e Gupta, A.K. (2018). Onda de calor na Índia Documentação do Estado de Telangana e Odisha (2016).

Gulrez S. A., Dileep M., Amruta N. S., Ajit R., Priya D., Anjali J., Perry S., Kim K., Jeremy J. H (2014). Mortalidade relacionada ao calor na Índia: Excesso de mortalidade por todas as causas associado à onda de calor de 2010 em Ahmedabad.

Jean B. Worfolk, (2000). Ondas de calor: O seu impacto na saúde dos idosos.

Jennifer F. B., Roger D. Peng, Michelle L. B. e Francesca D. (2014). Mortalidade relacionada ao calor e adaptação ao calor nos Estados Unidos.

Jiangjing L., Lanqi L., Xiaoli C., Yongqiang L. e Dong W. (2019). Efeitos do stress térmico na temperatura corporal, produção de leite e reprodução em vacas leiteiras: uma nova ideia para monitorizar e avaliar o stress térmico - Uma revisão.

Kramer, U., et al., 2005. Sazonalidade na gravidade dos sintomas influenciada pela temperatura ou pelo pólen de gramíneas: resultados de um estudo de painel em crianças com eczema. J. Invest. Dermatol.

Leonardi, G.S., et al., 2006. Utilização da vigilância sindrómica para detetar os efeitos precoces das ondas de calor: uma análise dos dados diretos do NHS em Inglaterra.

M. Rajeevan, Rohini. P, Smitha A. N., Snehalata T., Tanmoy G., Naresh K. (2023). Ondas de calor e frio na Índia: processos e previsibilidade.

Michael G., Dean S. (2018). Calor, humidade e mortalidade infantil no mundo em desenvolvimento.

Nitschke, M., et al., (2007). Morbidade e mortalidade durante ondas de calor na região metropolitana de Adelaide.

Nitschke, M., et al., (2011). Impacto de dois episódios recentes de calor extremo na morbilidade e mortalidade em Adelaide, Austrália do Sul: uma análise de séries de casos.

Omid M., Amir A., Steven J. D., Shahrbanou M., Ali M., Elisa R., Mojtaba S., Ashmita S., Subimal G., C. T. D., Mohsen N. (2017). Aumento da probabilidade de mortalidade durante as ondas de calor indianas.

Preeti M., Pankaj B., e Omvir S. (2021). Mortes por ondas de calor na Índia: 1978-2014.

Premsagar T., Marcella D., Ramkumar B. e Cor J. (2018). Vulnerabilidade ao stress térmico: Um estudo de caso de Yavatmal, Maharashtra, Índia.

Priya D., Lm S., Dileep M., Partha S. G., Sujata S. (2020). O calor extremo mata mesmo em cidades muito quentes: Evidências de Nagpur, Índia.

Prof. Parmeshwar U., Prof. Ravi S. (2023). Relatório de síntese do Workshop Nacional sobre Ondas de Calor 2023.

R. Di C., Mazzarella R. V. (2016). Uma análise do índice de calor sobre Nápoles (Sul de Itália) no contexto da onda de calor europeia de 2003.

Rakesh B., Riddhi M. (2019). Calor, mortalidade infantil e adaptação: Evidence from India.

Ramendra D., Lalrengpuii S., Nishant V., Pranay B., Jnyanashree S., Imtiwati e Rakesh K. (2016). Impacto do stress térmico na saúde e no desempenho dos animais leiteiros: A review.

Ritu P., Shrinivas D., Vinay K. (2022). Uma revisão da investigação sobre calor e saúde na Índia: Lacunas de conhecimento na construção de respostas de adaptação às alterações climáticas.

Rutuja P. S., Parmeshwar D. Udmale e Madhav D. G. Assessment of Heat Wave Risk in Maharashtra State: A Sub-district Level 2 Analysis.

Sauer, G., Hall, J., 1996. Doenças sazonais da pele. Em: Sauer, G.C., Hall, J.C. (Eds.), Manual of Skin Diseases.

Semenza, J.C., et al., 1999. Excesso de admissões hospitalares durante a onda de calor de julho de 1995 em Chicago.

Sharon C., Tomas A. R., Christopher J. W., Fay H. J., (2018). Pesquisa de ondas de calor e impacto na saúde: Uma revisão global.

Shyamli S., Akanksha S. (2021). Onda de calor: Análise de tendências de Delhi. Fonte: https://ndma.gov.in/en/heat-do-s-and-dont-s.html

Fonte: https://www.ndma.gov.in/Natural-Hazards/Heat-Wave/Dos-Donts

Soyeon K., Sang-Yub K., Jongmin O., Yeora C., Jongchul P., Daesoo K., Young-Min K., (2020). Efeitos da onda de calor de 2018 na saúde dos idosos: implicações para as estratégias de adaptação às alterações climáticas.

Suresh K. R., Prahlad R. S. (2021). Temperatura de verão e mortalidade por todas as causas de 2006 a 2015 para Hyderabad, Índia.

Tjaša P., Zala Ž., Lucka K. B., Andreas D. F., Konstantina P. e Zalika C. (2019). Ocorrência de ondas de calor e autoavaliação dos trabalhadores ao ar livre sobre o stress térmico na Eslovénia e na Grécia.

Uter, et al., 1998. Um estudo epidemiológico da influência da estação do ano (ar frio e seco) na ocorrência de alterações cutâneas irritantes das mãos.

Vidya S I., K M. (2022). District-Level Changes in Climate: Historical Climate and Climate Change Projections for the Western States of India.

Vimal M., Sourav M., Rohini K. e Daith A. S. (2017). Exposição a ondas de calor na Índia nos mundos atual, 1,5 ºC e 2,0 ºC.

Werner M., Robin H., Lutz B. Ondas de calor - Um tema quente na investigação sobre alterações climáticas

Zhiwei X., Perry E. S., Wenbiao H., Hong S., Weiwei Y., Xin Q. e Shilu T. (2012). Alterações climáticas e saúde infantil - um apelo à investigação sobre o que funciona para proteger as crianças.

Zhiwei X., Ruth A. E., Hong S., Cunrui H., Yuming G. , Shilu T. (2012). Impacto da temperatura ambiente na saúde das crianças: Uma revisão sistemática.

Zhuoran L., Zhan T., Laixiang S., Kuishuang F., Honglin Z., Tingting G., Xiaochen L. Onda de calor, racionamento de eletricidade e compromissos entre ganhos ambientais e perdas económicas: O exemplo de Xangai.

Printed by Books on Demand GmbH, Norderstedt / Germany